IMMER EIN ASS IM ÄRMEL

Sinnvolle Lückenfüller für den Matheunterricht

Marion Auer

60 Rätsel, Denkanstöße und Spielideen

Verlag an der Ruhr

Impressum

Titel
Immer ein Ass im Ärmel. Sinnvolle Lückenfüller für den Matheunterricht
60 Rätsel, Denkanstöße und Spielideen

Autorin
Marion Auer

Lektorat
Dr. Wiebke Salzmann

Titelbildmotive und Motive im Innenteil
stock.adobe.com: Spielkarten/Hand © bsd555, Icons © milosdizajn

Druck
AZ Druck und Datentechnik GmbH, Kempten, DE

Verlag an der Ruhr
Mülheim an der Ruhr
www.verlagruhr.de

Geeignet für die Klassen 5–10

ISBN 978-3-8346-4451-0

Inhaltsverzeichnis

Logik und Rechnen | 7

Würfel | 41

Inhaltsverzeichnis

Inhaltsverzeichnis

Vorwort

Liebe Kolleg*innen[1],

wir alle kennen diese Situationen: Am Ende einer Mathestunde oder nach einer Klassenarbeit sind noch 10 Minuten übrig, die sinnvoll überbrückt werden wollen. Nicht immer hat man in solchen Momenten eine gute Idee zur Hand und so greift man doch meist auf die alten Klassiker, wie Eckenrechnen, zurück.

Mit den 60 Ideen in diesem Büchlein sind Sie von nun an gewappnet und können kleine Zeitfenster im Unterricht kreativ und sinnvoll schließen. Die **Spiele, Rätsel und Aufgaben** lassen sich alle in ca. **5–10 Minuten** umsetzen, Sie finden aber auch hier und da Anregungen, um Aufgaben auszuweiten oder auch abzukürzen.

Der Materialbedarf ist durch ✎ gekennzeichnet, für die meisten Angebote benötigen die Schüler*innen lediglich Papier und Stift, sodass einem schnellen und spontanen Einsatz nichts im Wege steht.

Dabei wünsche ich Ihnen viel Erfolg und Spaß!

Marion Auer

---

[1] Der Verlag an der Ruhr legt großen Wert auf eine geschlechtergerechte und inklusive Sprache. Daher nutzen wir das Gendersternchen, um sowohl männliche und weibliche als auch nichtbinäre Geschlechtsidentitäten einzuschließen. Alternativ verwenden wir neutrale Formulierungen.

Logik und Rechnen

© klesign | stock.abobe.com

1

Das Arukone

Darum geht's

Ein Arukone ist ein Logikrätsel aus Japan, bei dem in einem Gitter vorgegebene Zahlen nach bestimmten Regeln verbunden werden müssen. Diese kleine Einstiegsaufgabe hilft den Lernenden, sich zu fokussieren und die Konzentrationsfähigkeit anzuregen.

 kariertes Papier und Stift für jede*n

So geht's

Bereiten Sie das Arukone zu Hause vor: Erstellen Sie ein Gitter aus quadratischen Feldern und schreiben Sie in einige der Felder Zahlen. Dabei muss jede Zahl doppelt vorkommen. Zeichnen Sie das Arukone in der Klasse an die Tafel und lassen Sie es abzeichnen. Die Aufgabe für die Lernenden besteht darin, die zusammengehörenden Zahlenpaare über Linien miteinander zu verbinden. Dabei müssen die Linien durchgehend sein und in allen Abschnitten horizontal oder vertikal verlaufen. In jedem Feld darf nur eine Linie verlaufen und Linien dürfen einander nicht kreuzen.

Ein Arukone (mit bereits erfolgter Lösung) könnte so aussehen:

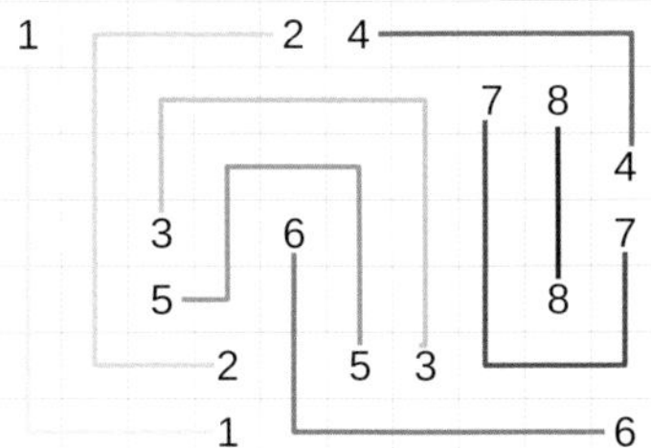

So geht's besser

Es ist meistens ungünstig, sich ein Arukone spontan auszudenken, da die Gefahr zu groß ist, dass das Rätsel nicht lösbar ist.

Sie können das Arukone in ausreichender Anzahl vorher kopieren und in der Klasse verteilen, statt es von der Tafel abzeichnen zu lassen.

Nomen-Rechnen

Darum geht's

Buchstaben in Wörtern werden durch Zahlen ersetzt und mit diesen dann Rechenaufgaben aufgestellt. Wichtig für dieses Spiel ist ein Gefühl für die Reihenfolge der Rechenoperationen. Dadurch wird der Umgang mit Zahlen und einfacher Mathematik geübt.

 kariertes Papier und Stift für jede*n

So geht's

Schreiben Sie einen Begriff aus der Mathematik an die Tafel. Es bietet sich an, einen Ausdruck aus dem aktuellen Lernstoff zu wählen (z. B. Winkel, Brüche ...).

Legen Sie nun gemeinsam mit der Klasse für jeden Buchstaben im Wort einen Wert als Ziffer fest. Mit diesen Ziffern müssen die Lernenden nun eine Rechnung bilden, in der alle vier Grundrechenarten genau einmal vorkommen. Das bedeutet, dass nur jeweils fünf Ziffern verwendet werden dürfen. Von der Wahl der Ziffern und der Reihenfolge der Rechenoperationen hängt ab, wie groß das Ergebnis wird. Lassen Sie die Lernenden ihren gewählten Term zunächst auf ein Blatt

Papier notieren und dann berechnen. Die Lernenden, die das größte Ergebnis erhalten, haben die Runde gewonnen.

Beispielsweise ordnen die Lernenden den Buchstaben für das Wort „Winkel" folgende Ziffern zu – dabei wird das L als 6. Buchstabe nicht berücksichtigt:
W = 4, I = 8, N = 5, K = 6, E = 3
Schüler Robert hat notiert und berechnet:
$8:4 \cdot 6+5-3 = 14$
Schülerin Elif hat geschrieben und gerechnet:
$4 \cdot 8-5+6:3 = 29$
Im zweiten Beispiel ist die Regel „Punktrechnung vor Strichrechnung" zu beachten. In diesem Fall hätte Elif gewonnen.

So geht's auch

Auch die eigenen Vornamen der Lernenden eignen sich hervorragend für diese Art von Rechnungen.
Sie können vorgeben, dass jeder Buchstabe, d. h. jede zugehörige Ziffer, verwendet werden muss. Dabei müssen dann jedoch Rechenoperationen mehrfach vorkommen – das bedeutet, dass die Rechnung abhängig von der Wortlänge ist. Dennoch sollte jede Rechenart mindestens einmal vorkommen.

Weitere Varianten ergeben sich durch die Aufgabenstellung, ein möglichst kleines Ergebnis zu erzielen oder die Reihenfolge der Buchstaben zu wahren und nur die Reihenfolge der Operatoren zu verändern. Auch kann man die Zahlen oder Buchstaben aufsteigend bzw. absteigend in der Rechnung reihen.

Sie können den Schwierigkeitsgrad erhöhen, indem Sie erlauben, auch Klammern im geschriebenen Term zu setzen. Sie können auch Zusatzpunkte für die Schnelligkeit vergeben.

So geht's besser

Da es nur neun Ziffern gibt, sollte das ausgewählte Wort nicht mehr als neun verschiedene Buchstaben besitzen. Kontrollieren Sie die Ergebnisse, da es zu Rechenfehlern kommen könnte.

3

Römisches Stifterätsel

Darum geht's

Der Umgang mit römischen Zahlen wird mit einer kreativen Denkaufgabe vereint.

 Papier und Stift

So geht's

Schreiben Sie eine oder mehrere der folgenden Rechnungen an die Tafel. Die Lernenden sollen nun in den Aufgaben jeweils einen Strich hinzufügen, damit die Rechnung korrekt wird.

I – I = II →	I + I = II
X + I = X →	X + I = XI
VI – IV = X →	VI + IV = X
XX + I = XX →	XIX + I = XX

So geht's auch

Lassen Sie die Lernenden eigene Rechnungen in dieser Form erstellen, bspw. auch mit Umsetzen von Strichen. Diese Übung lässt sich auch in 2er-Teams oder Kleingruppen durchführen.

Geburtstags-Rechnen

Darum geht's

Die Lernenden üben, Zahlen der Größe nach anzuordnen.

 kariertes Papier und Stift für jede*n

So geht's

Die Lernenden schreiben ihr jeweiliges Geburtsdatum auf ein Blatt Papier und addieren Tag, Monat und Jahr.

Ist Tim am 30.10.2008 geboren, rechnet er:
30 + 10 + 2008 = 2048.

Haben alle Schüler*innen ein Ergebnis ermittelt, sollen sie sich selbstständig nach der Größe der Ergebnisse in der Klasse ordnen.

So geht's auch

Natürlich können die Geburtsdaten auch subtrahiert oder multipliziert werden.

Oder Sie kombinieren die Rechenarten Addieren, Subtrahieren und Multiplizieren in einer vorgegebenen Reihenfolge.

Das Bilden von Divisionen bietet sich hier nicht an, da die Rechnungen in vielen Fällen nicht „glatt“ aufgehen werden.

Die Ergebnisse können aufsteigend oder absteigend sortiert werden.

So geht's besser

Beim Ordnen kann es in der Klasse etwas lauter werden. Stellen Sie daher sicher, dass kein anderer Unterricht gestört wird.

Addition von 1–100 – eine Abkürzung

Darum geht's

Der berühmte Mathematiker und Physiker Carl Friedrich Gauß überraschte mit neun Jahren seinen Lehrer damit, dass er mit einem Trick die Addition aller Zahlen zwischen 1 und 100 in kürzester Zeit durchführte. Hier erarbeiten die Lernenden eine solche Abkürzung.

 Papier und Stift für jede*n

So geht's

Stellen Sie Ihrer Klasse die Aufgabe, die Zahlen von 1–100 zu addieren, und fragen Sie, wer denn dazu Lust hat. Vermutlich werden die meisten die lange Addition langweilig finden. Bieten Sie dann einen Trick an, um die Rechnung schneller zu lösen. Lassen Sie die Lernenden eine Tabelle mit drei Spalten à 50 Zeilen zeichnen. In die erste Spalte werden absteigend die Zahlen 1–50, in die zweite aufsteigend die Zahlen 51–100 und in die dritte Spalte die Summe der Zahlen aus den Spalten 1 und 2 notiert. Bald werden die Ersten merken, dass diese Summe immer gleich ist – 101. Multipliziert man also 101 mit der Anzahl der Zeilen, erhält man das Ergebnis der Addition: $101 \cdot 50 = 5\,050$.

Für eine größere Zahl, z. B. 2 000, führen Sie die Lernenden nun Schritt für Schritt durch die Rechnung:

- ermitteln, welche Zahlen die beiden Hälften der Ausgangszahl umfassen: 1–1 000; 1 001–2 000;
- anlegen der ersten Zeilen der Tabelle;
- addieren der ersten Zahl der ersten Hälfte (1) und der letzten der zweiten Hälfte (2 000) (die in der Tabelle nebeneinanderstehen): 1 + 2 000 = 2 001;
- überprüfen durch Addieren weniger weiterer Zahlenpaare: 2 + 1 999 = 2 001; 3 + 1 998 = 2 001 usw.
- bestimmen, wie viele Zahlen jede Hälfte enthält (im Beispiel 1 000);
- multiplizieren der Teilsummen mit der Anzahl Zahlen einer Hälfte (im Beispiel: 1 000 · 2 001 = 2 001 000).

Die nächste Addition aufeinanderfolgender Zahlen können Ihre Lernenden vielleicht schon selbstständig lösen, evtl. sogar in einem Wettbewerb.

Symbol-Rechnen

Darum geht's

In dieser Aufgabe werden die Lernenden spielerisch an die oft als schwierig empfundenen Themen der Variablen und der Gleichungssysteme herangeführt. Dabei trainieren sie ihre kombinatorischen und logischen Fertigkeiten.

 Papier und Stift für jede*n

So geht's

Übertragen Sie eine oder mehrere der abgebildeten Symbol-Rechnungen an die Tafel und lassen Sie die Lernenden diese wiederum auf ihre Zettel übertragen. Anschließend löst jede*r die Aufgaben für sich, indem er*sie die Symbole durch die errechneten Zahlen ersetzt.

Aufgabe	Lösung
■ + ■ = 14	■ = 7
■ + ▲ = 15	▲ = 8
▲ + ▲ − ♥ + ■ = 19	♥ = 4
▲ − ■ + ● + ♥ = 10	● = 5

Aufgabe	Lösung
▲ + ● = 3	■ = 3
▲ + ▲ + ■ = 5	▲ = 1
2 · ■ − ● + ♥ = 10	♥ = 6
● − ▲ + ■ + ♥ = 10	● = 2

Aufgabe	Lösung
▲ · ● = 10	■ = 6
● · ■ = 12	▲ = 5
■ : ♥ = 2	♥ = 3
♥ · ■ : ● = 9	● = 2

So geht's auch

Natürlich können Sie sich viele weitere Aufgaben ausdenken. Je nach Kenntnisstand der Lernenden können Sie auch einen Teil der Lösungen vorgeben und die anderen Variablen berechnen lassen.

Zahlenkreise

Darum geht's

Die Lernenden üben in diesem Lückenfüller, Muster in Datensätzen zu erkennen.

 Papier und Stift für jede*n

So geht's

Übertragen Sie die Zahlenkreise an die Tafel. Die Lernenden sollen nun die jeweils fehlende Zahl – dargestellt durch ein Fragezeichen – bestimmen. Dazu müssen sie zunächst die Bildungsgesetze erkennen, über die entsprechende andere Zahlen in den Kreisen gebildet werden. So liegen sich im ersten Beispiel immer eine Zahl und ihr Quadrat gegenüber, im dritten ergeben die beiden Zahlen eines Viertelkreises jeweils dieselbe Summe.

Sie können die Aufgabe in Partner- oder Einzelarbeit lösen lassen.

✗ Die gesuchte Zahl lautet 100. Es gehören immer zwei gegenüberliegende Zahlen zusammen – in einem Segment steht die Zahl, im anderen deren Quadrat: $4^2 = 16$, $6^2 = 36$, $8^2 = 64$, $10^2 = 100$.

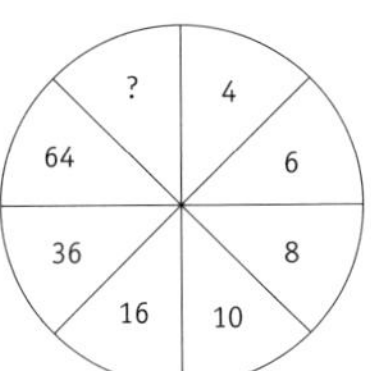

✗ Die gesuchte Zahl lautet 75. Die Zahlen ergeben sich durch abwechselnde Subtraktion von 3 und Multiplizieren mit 2, beginnend bei der 15:
$15 - 3 = 12$, $12 \cdot 2 = 24$, $24 - 3 = 21$, $21 \cdot 2 = 42$, $42 - 3 = 39$, $39 \cdot 2 = 78$, $78 - 3 = 75$

✗ Die Zahlen der vier Viertelkreise ergeben immer die Summe von 30:
$28 + 2 = 30$, $16 + 14 = 30$,
$19 + 11 = 30$, $8 + 22 = 30$.
Die gesuchte Zahl lautet daher 22.

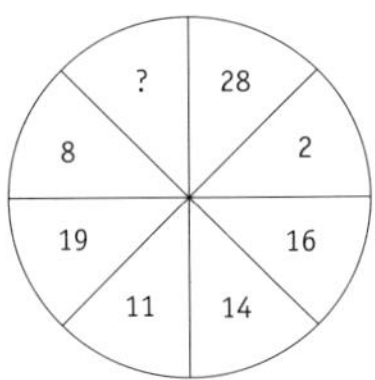

So geht's auch

Lassen Sie die Lernenden eigene Zahlenkreise entwickeln.

Hashiwokakero

Darum geht's

Dieses moderne Logikrätsel aus Japan ist einfach zu erlernen und stellt eine kurzweilige Methode dar, die Knobelfertigkeiten der Lernenden zu trainieren. Zahlen müssen nach bestimmten Regeln verbunden werden.

 Papier und Stift für jede*n

So geht's

Das Spielfeld eines Hashiwokakero besteht aus Zahlen von 1 bis höchstens 8, die auf einem Punktraster angeordnet sind. Zeichnen Sie das abgebildete Hashiwokakero (ohne die Verbindungslinien) auf kariertes Papier und fertigen Sie ausreichend Kopien für alle Lernenden davon an. Wenn Sie die Möglichkeit haben, können Sie auch die Vorlage an die Wand projizieren oder an die Tafel zeichnen, wenn diese einen gerasterten Hintergrund hat. In diesem Fall müssen die Lernenden das Hashiwokakero erst auf ein eigenes kariertes Blatt übertragen – die Kästchen in der

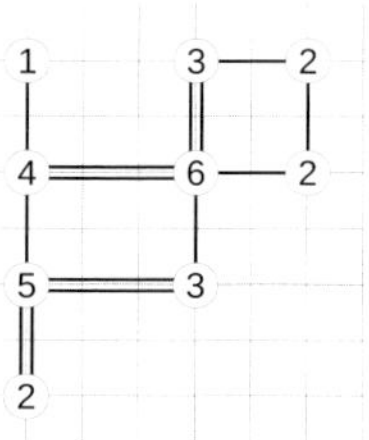

Vorlage helfen ihnen, die Zahlen richtig zu platzieren, damit auch alle dieselbe Spielgrundlage haben.
Im Spielverlauf müssen diese Zahlen nun durch einfache oder doppelte waagerechte oder senkrechte Linien verbunden werden – wie in der Abbildung gezeigt. Diese Linien dürfen sich nicht kreuzen und müssen bei einer Zahl enden. Dabei muss sich durch die Verbindungen ein zusammenhängendes Gebilde ergeben, es dürfen also nicht zwei oder mehr Gruppen von verbundenen Zahlen entstehen. Vor allem aber müssen an jeder Zahl so viele Linien enden, wie es der Wert der Zahl vorgibt:
An einer 3 enden drei Linien, an einer 1 nur eine Linie und an einer 8 enden acht Linien.

So geht's besser

Weisen Sie die Lernenden darauf hin, dass die Kreise wie an der Tafel bzw. in der Vorlage positioniert sein müssen und dass sie auf die Kästchen achten sollen.

Sudoku

Darum geht's

Durch logische Schlussfolgerungen sollen die Schüler*innen Zahlen nach bestimmten Regeln in Felder setzen.

7	4	3	2	8	5
1	5	8	9	6	3
6	9	2	7	1	4
3	6	9	5	4	8
4	8	5	1	2	7
2	7	1	6	3	9

 Papier und Stift für jede*n

So geht's

Beim Sudoku müssen Zahlengitter nach bestimmten Vorgaben mit Zahlen gefüllt werden. Das gewöhnliche Gitter besteht dabei aus neun Blöcken, die jeweils 3 × 3 Felder enthalten. Insgesamt entsteht so ein Quadrat mit 9 × 9 = 81 Feldern. Einige Zahlen sind bereits vorgegeben und es geht nun darum, die restlichen Felder so aufzufüllen, dass in jedem Block, in jeder Zeile und in jeder Spalte jeweils alle Ziffern von 1–9 genau einmal vorkommen.
Zeichnen Sie z. B. das abgebildete Sudoku (nur die grauen Zahlen) an die Tafel und lassen Sie die Lernenden dieses auf ein Blatt Papier übertragen. Alternativ können Sie Ihre Vorlage auch in ausreichender Anzahl kopieren und verteilen.

Die schwarzen Zahlen geben die Lösung an:

7	4	3	2	8	5	9	1	6
1	5	8	9	6	3	7	4	2
6	9	2	7	1	4	5	8	3
3	6	9	5	4	8	1	2	7
4	8	5	1	2	7	6	3	9
2	7	1	6	3	9	4	5	8
5	1	7	8	9	2	3	6	4
9	2	4	3	5	6	8	7	1
8	3	6	4	7	1	2	9	5

So geht's auch

Lassen Sie eine*n Schüler*in ein Sudoku an der Tafel im Wettlauf gegen die Klasse lösen. Wer ist schneller? Achten Sie hierbei darauf, dass das Sudoku an der Tafel für den Rest der Klasse nicht sichtbar ist.

Die Rechenschlange

Darum geht's

Gemeinsam bildet die ganze Klasse eine lange Aufgabe in Form einer riesigen Rechenschlange. Diese wird dann im spielerischen Wettbewerb gelöst.

 Papier und Stift für jede*n

So geht's

Teilen Sie die Klasse in zwei Hälften. Von den Mitgliedern der einen Hälfte sucht sich jedes eine Rechenoperation aus, von denen der anderen Häfte wählt jedes eine Zahl. Diese ausgesuchten Zahlen und Rechenoperationen diktieren Ihnen die Lernenden nun der Reihe nach. Schreiben Sie diese nacheinander an die Tafel, während die Klasse die Rechenschlange in ihre Hefte schreibt. Anschließend löst jede*r einzeln die Schlange. Wer ist am schnellsten?

So geht's auch

Sie können den Schwierigkeitsgrad steuern, indem Sie die Rechenoperationen eingrenzen: So entsteht für die Lernenden eine einfachere Rechenschlange, wenn Sie nur die Rechenzeichen der Addition oder der Subtraktion erlauben.

Kniffliger wird es, wenn Sie Multiplikationen hinzufügen, da man hierbei die Rechenregeln zur Reihenfolge der Rechenschritte beachten muss. Divisionen bieten sich eher für die höheren Schulstufen an, da die Lernenden die rationalen Zahlen beherrschen müssen.
Auch können Sie Einschränkungen im Zahlenraum vorgeben. Je größer der Zahlenraum ist, den Sie anbieten, umso schwerer werden die Rechnungen. Aber auch der Zahlenraum bis 10 ergibt eine interessante Rechenschlange.

So geht's besser

Haben sich Lernende, die noch nicht mit negativen Zahlen rechnen können, für zu viele Subtraktionen entschieden, dann besprechen Sie mit diesen, dass Sie ein paar der Subtraktionen in Additionen umwandeln müssen.
Um die Klasse schnell in zwei Hälften zu teilen, können Sie sie z. B. darum bitten, dass sich alle Lernenden, die links am Tisch sitzen, eine Rechenoperation ausdenken und alle rechts Sitzenden eine Zahl.

Rechenbingo

Darum geht's

Ähnlich den Regeln beim Bingo lösen die Lernenden Rechenaufgaben und vergleichen die Ergebnisse mit zuvor „getippten" Zahlen. Kopfrechnen in kompetitiver Situation fördert den Ehrgeiz und motiviert.

 Papier und Stift für jede*n

So geht's

Fordern Sie Ihre Lernenden dazu auf, sich je fünf Zahlen auszudenken und diese auf ein Blatt Papier zu schreiben. Sie diktieren der Klasse nun einfache Aufgaben, wie z. B. „5 + 17" oder „13 – 8 + 12". Nun sollen die Lernenden die Aufgaben so schnell wie möglich lösen – dabei steht es ihnen frei, diese schriftlich oder im Kopf zu berechnen. Ist die Lösung einer Aufgabe eine der zu Beginn notierten Zahlen, kann der*die Schüler*in diese Zahl durchstreichen. Wer zuerst alle fünf Zahlen durchstreichen konnte, ruft laut „BINGO" und beendet damit die Runde. Vergleichen Sie jedoch Ihre Rechnungen mit den Zahlen des Gewinners oder der Gewinnerin, falls diese*r sich verrechnet hat.

So geht's auch

Lassen Sie die Lernenden je nach verfügbarer Zeit drei, sieben oder sogar neun Zahlen aufschreiben. Sie können auch den Zahlenraum eingrenzen: 1–30, 100–130 … Lassen Sie eine*n Schüler*in die Aufgaben ansagen.

So geht's besser

Sollte es in der vorgegebenen Zeit niemand geschafft haben, sein Bingo zu lösen, können die Lernenden ihre Zettel aufheben und später weiterspielen.
Notieren Sie sich Ihre Aufgaben auf einem Blatt Papier. Damit vermeiden Sie, dass sich Ergebnisse wiederholen, und Sie können die Ergebnisse des potenziellen Siegers oder der potenziellen Siegerin anhand Ihrer Notizen kontrollieren.
Je größer der vorgegebene Zahlenraum ist, umso mehr Möglichkeiten gibt es für die Lernenden, sich Zahlen auszudenken. Beachten Sie hierbei, dass es bei einem Zahlenraum von 100 Zahlen lange dauern kann, bis fünf Ergebnisse übereinstimmen.

Stumme Zahlen

Darum geht's

Bei diesem Lückenfüller wird die Aufmerksamkeit der Lernenden doppelt gefordert: Einerseits muss eine Rechenkette weitergeführt werden, andererseits dürfen sie die Kontinuität des Zählens nicht unterbrechen.

So geht's

Fordern Sie die Lernenden auf, sich zu erheben, und erläutern Sie ihnen, dass sie jetzt ganz einfach reihum zählen sollen. Beginnend bei „1" nennen die ersten sechs Lernenden der Reihe nach laut und deutlich die Zahlen 1–6. Der*die siebte Schüler*in soll jedoch nicht „7", sondern „Psst!" rufen. Nun sollen die in der Reihe folgenden Lernenden normal mit „8", „9", „10" usw. weiterzählen, bis ein Vielfaches der Zahl 7 an der Reihe ist. Das wäre in diesem Fall die Zahl 14. Statt „14" wird wieder „Psst!" gerufen. Anschließend zählen die Lernenden normal bis 20 weiter. Die 21 ersetzen sie wieder mit einem „Psst!" und zählen dann ab 22 weiter.
Es geht also darum, richtig zu zählen und gleichzeitig zu berechnen, welches das nächstfolgende Vielfache von 7 ist,

um gegebenenfalls im richtigen Moment „Psst!“ zu rufen. Verpasst ein*e Schüler*in diesen Einsatz, muss er*sie sich setzen. Gewonnen hat, wer am längsten stehen bleibt.

So geht's auch

Sie können anstelle der 7 auch jede andere, nicht zu große Zahl wählen. Es bietet sich fast jede Zahl aus dem Kleinen Einmaleins an, deren Vielfache die Lernenden beherrschen. Wichtig ist nur, dass Sie vor dem Start die Zahl verkünden, deren Vielfache nicht genannt werden sollen.
Sie können die Schwierigkeit erhöhen, indem sie zwei Zahlen vorgeben, deren Vielfache nicht genannt werden dürfen.
Sie können sich auch andere Kriterien ausdenken, nach denen Zahlen nicht genannt werden dürfen – so können Sie bspw. auch jede Primzahl durch ein „Psst!“ ersetzen lassen.

So geht's besser

Notieren Sie die gewählte Zahl an der Tafel.

1 2 3 4 5 6 **Psst!** 8 9 10

13

Zahlenreihen – wie geht's weiter?

Darum geht's

Die Lernenden setzen Zahlenreihen fort, nachdem sie anhand der vorgegebenen Glieder die Bildungsgesetze erkannt haben. Mithilfe des letzten Beispiels können Sie die Lernenden an die Fibonacci-Folge heranführen, mit der Leonardo Fibonacci bereits 1202 das Wachstum einer Kaninchenpopulation beschrieb.

 Papier und Stift für jede*n

So geht's

Schreiben Sie eine oder mehrere Zahlenreihen an die Tafel. Die Lernenden sollen nun in Einzelarbeit die jeweils nächste Zahl ermitteln und die Reihen fortführen. Beispiele wären:

1. 5; 7; 6; 8; 7; 9; 8; 10 ...
2. 12; 15; 13; 26; 29; 27 ...
3. 2; 4; 8; 14; 22; 32; 44 ...
4. 0; 1; 1; 2; 3; 5; 8; 13 ...

Die Lösungen der Beispiele sind:

❶ Nächste Zahlen: 12; 11; 13; 12 ...
Die Zahlenfolge ergibt sich aus den Rechenschritten „+2; −1".

❷ Nächste Zahlen: 54; 57; 55; 110; 113; 111 ...
Die Zahlenfolge ergibt sich aus den Rechenschritten „+3; −2; · 2".

❸ Nächste Zahlen: 58; 74; 92; 112 ...
Die Zahlenfolge ergibt sich aus den Rechenschritten „+ 2; + 4; + 6; + 8; ..."; es wird also immer eine jeweils um 2 höhere Zahl addiert, als dies beim vorhergehenden Schritt der Fall war.

❹ Nächste Zahlen: 21; 34; 55; 89; 144 ...
Die beiden letzten Zahlen addiert, ergeben die nächste Zahl.

So geht's besser

Die Folge im Beispiel ❹ ist die Fibonacci-Folge, wobei die beiden ersten Zahlen 0 und 1 nicht durch das Bildungsgesetz zustandekommen, sondern vorgegeben sind. Weisen Sie Ihre Lernenden je nach deren Kenntnisstand darauf hin. Recherchieren Sie zu den Anwendungen der Fibonacci-Folge, bspw. bei Wachstumsprozessen von Pflanzen.

Von der Lösung zur Aufgabe

Darum geht's

Die Lernenden üben, die bisher gelernten Rechenvorgänge umzusetzen und zu abstrahieren.

 Papier und Stift für jede*n

So geht's

Schreiben Sie je nach verfügbarer Zeit 5–15 Zahlen an die Tafel. Diese Zahlen sollen Ergebnisse darstellen, zu denen die Schüler*innen nun Aufgaben aufstellen müssen – hier bietet sich das aktuelle Stoffthema an. Wer hat zuerst zu jedem Ergebnis eine Rechnung erstellt?

So geht's besser

Sie können den Schwierigkeitsgrad steuern, indem Sie die Aufgabenart einschränken:

Soll nur addiert und subtrahiert werden, ist die Runde schneller beendet. Dies bietet sich für eine Blitzrunde an. Einen höheren Schwierigkeitsgrad erreichen Sie durch bspw. die folgenden Vorgaben:

- ✗ Jede Rechnung muss eine Division enthalten.
- ✗ Jede Rechnung soll aus mindestens drei Operanden bestehen.
- ✗ Jede Rechnung muss alle vier Grundrechenarten beinhalten.
- ✗ Jede Rechnung muss zwei Zahlen von der Tafel in der Rechnung beinhalten, diese darf hier aber nicht als Ergebnis genutzt werden.

? + ? = 13 ? : ? = 4 ? · ? - ? = 23

Schätzungsweise richtig

Darum geht's

Anhand von Fragen zu kuriosen Alltagsdingen üben die Lernenden das Schätzen.

 Papier und Stift für jede*n

So geht's

Stellen Sie den Lernenden eine Reihe von Fragen, zu denen diese die Antworten schätzen sollen.
Lesen Sie Frage für Frage vor oder schreiben Sie diese an die Tafel. Holen Sie nach einer kurzen Bedenkzeit einige Meinungen ein, fragen Sie, wie die Schüler*innen auf ihre Antwort gekommen sind, und lösen Sie anschließend auf. Gehen Sie zunächst darauf ein, dass auch die Lösungen nur Schätzwerte sind.

Beispiele für Fragen – beliebig erweiterbar:

Wie schnell kann ein Pferd im Galopp laufen?
Es kann für kurze Zeit mit einer Geschwindigkeit von bis zu 60 km/h laufen.
Wie viele Pkw sind in Europa insgesamt zugelassen?
Rund 252 Millionen Autos sind in Europa zugelassen.

Wie viel Schokolade isst jeder Mensch in Deutschland durchschnittlich in einem Jahr?
In Deutschland isst im Durchschnitt jeder Mensch 8,6 Kilogramm Schokolade pro Jahr.
Wie viele Kästchen befinden sich auf einem karierten DIN-A4-Blatt, wenn dieses ungelocht ist und halbe Kästchen wie ganze gezählt werden?
Es befinden sich 2 478 Kästchen auf dem Blatt.
Wie lang ist eine Linie, die ich mit einem neuen Bleistift ziehen kann, bis dieser aufgebraucht ist?
Die Strichlänge beträgt rund 1 000 Meter.
Wie viele Jahre hat ein 80 Jahre alter Mensch in seinem Leben durchschnittlich geschlafen?
Ein 80 Jahre alter Mensch hat in seinem Leben ungefähr 24 Jahre geschlafen.

So geht's auch

Lassen Sie die Lernenden in Teams gegeneinander antreten. Wer ist näher an der richtigen Lösung?
Lassen Sie die Schüler*innen selbst interessante Schätzaufgaben finden.

Die Conway-Folge

Darum geht's

Eine Conway-Folge fortzusetzen ist ein beliebtes, nicht ganz leichtes Rätsel, welches die Fähigkeiten im logischen Denken der Lernenden fördert. Zudem üben sie, Gesetzmäßigkeiten zu erkennen.

 Papier und Stift für jedes Team

So geht's

Schreiben Sie die ersten sieben Zeilen an die Tafel und lassen Sie Ihre Lernenden in kleinen Teams die Folge weiterführen. Wer schafft es, das Muster zu erkennen?

1
11
21
1211
111221
312211
13112221

In der nach dem britischen Mathematiker John Horton Conway benannten Folge beschreiben die Folgezahlen jeweils, wie oft die Ziffern davor vorkommen. Im Grunde sind die Folgenglieder keine Zahlen, sondern ihrerseits Ziffernfolgen.

Als erstes Folgenglied wird eine Ziffer vorgegeben,
hier ist es die 1.
Das zweite Folgenglied ergibt sich wie folgt aus dem ersten:
Die 1 ist 1-mal da. Man schreibt also eine 1 für die Häufigkeit und die zweite 1 für die Ziffer selbst:
$1 \times 1 \rightarrow 11$.
Wichtig ist, sich klarzumachen, dass hier nicht die Zahl „elf" steht, sondern die Ziffernfolge „eins eins".
In 11 kommt die 1 nun 2-mal vor. Die nächste Ziffernfolge wäre daher die 21, denn $2 \times 1 \rightarrow 21$.
In 21 kommt 1-mal die 2 und 1-mal die 1 vor:
Man erhält für die nächste Ziffernfolge also:
1×2 und $1 \times 1 \rightarrow 1211$
Die weiteren Folgeglieder ergeben sich analog:
1×1 und 1×2 und $2 \times 1 \rightarrow 111221$
3×1 und 2×2 und $1 \times 1 \rightarrow 312211$

13112221
1113213211
31131211131221
13211311123113112211 usw.

So geht's besser

Da diese Aufgabe etwas anspruchsvoller ist, können Sie Ihre Klasse darauf hinweisen, dass die einzelnen Folgenglieder nicht als Zahlen aufzufassen sind, sondern als Ziffernfolge.

Wenn Sie die ersten Folgenglieder als Beispiel an die Tafel schreiben, können Sie die Ziffern bereits so gruppieren, dass der Zusammenhang leichter zu erkennen ist, wie in der Abbildung gezeigt.

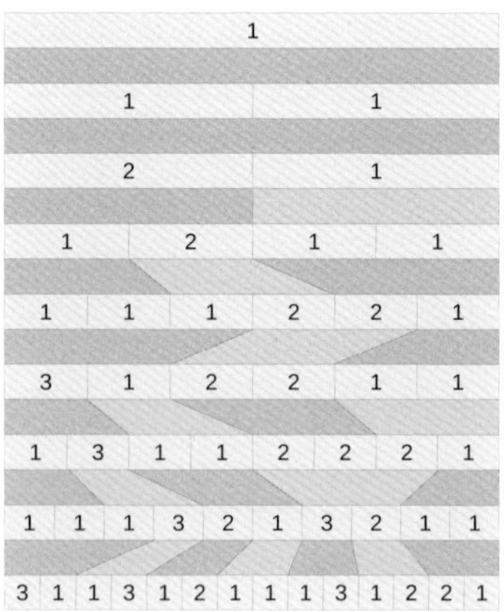

Würfel

Umfang würfeln

Darum geht's

Bei dieser Übung geht es darum, Umfänge von zusammengesetzten Rechtecken zu schätzen und zu erkennen, wie diese bei gleichen Flächeninhalten maximiert werden können. Spielerisch wird dabei auch die Feinmotorik geübt.

2 Würfel für jedes 2er-Team, kariertes Papier und Stift für jede*n

So geht's

Die Lernenden bilden mit ihrem jeweiligen Sitznachbarn oder ihrer Sitznachbarin ein 2er-Team und erhalten pro Team zwei Würfel.
Die Mitglieder jedes Teams würfeln abwechselnd mit beiden Würfeln und wandeln die erhaltene Augenzahl in Flächen um. Zeigen die Würfel z. B. 3 und 6, zeichnet der*die Schüler*in eine Fläche auf ein Blatt kariertes Papier, die 3 Kästchen mal 6 Kästchen groß ist. Dies darf hier ohne Lineal geschehen, um die Feinmotorik zu schulen. Beim nächsten Durchgang zeichnet er*sie die neue Fläche an die alte an. Die Flächen können dabei hoch- oder querformatig positioniert werden – sie müssen aber alle zusammenhängen, sodass sich eine große Gesamtfläche ergibt.

Dabei versucht jedes Teammitglied, den größtmöglichen Umfang zu erhalten. Daher ist es ratsam, die Lernenden darauf hinzuweisen, dass sie ihre erhaltenen Flächen so positionieren, dass der Umfang der gesamten Fläche möglichst groß wird.

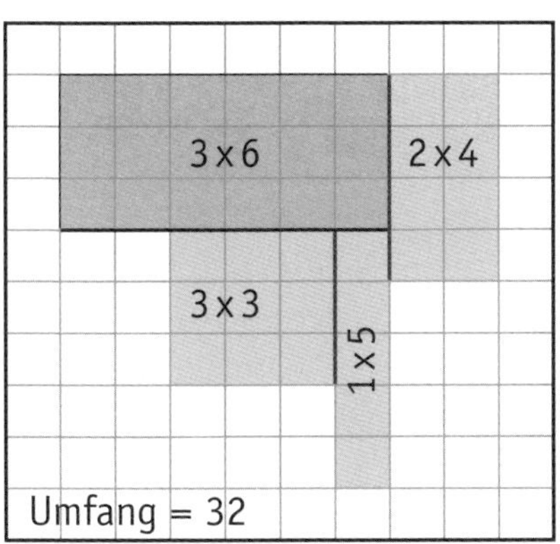

So geht's besser

Beenden Sie das Spiel rechtzeitig, damit die Lernenden genügend Zeit zum Berechnen des Umfanges haben. Dies können die Teammitglieder zeitgleich machen.

23 ergibt 0

Darum geht's

Diese auflockernde Übung trainiert die Fähigkeiten der Schüler*innen zur Risikoeinschätzung und übt Additionen.

 1 Würfel für jedes 2er-Team, Papier und Stift für jede*n

So geht's

Die Lernenden bilden 2er-Teams, von denen jedes einen Würfel erhält. Die Teammitglieder würfeln nun abwechselnd und jedes addiert für sich die geworfenen Augenzahlen. Es wird nun so oft gewürfelt, bis eine Augensumme von insgesamt 23 erreicht ist. Dabei gibt es folgende Möglichkeiten (vorweg sei gesagt, dass es bei diesem Spiel darum geht, möglichst wenige Punkte zu erhalten):

- ✗ Wird die Augensumme 23 genau angewürfelt, so erhält der*die Spieler*in 0 Punkte.
- ✗ Übertrifft die Augensumme den gesuchten Wert z. B. um 3 (beträgt die Augensumme also insgesamt 26), dann erhält das betreffende Teammitglied 3 Punkte.

- ✗ Die Lernenden haben die Möglichkeit, ihre Runde vorzeitig zu beenden. Jedoch ergeben sich hier ebenfalls Punkte, die zum Punktestand addiert werden müssen – und zwar die doppelte Differenz zum Zielwert 23. Entschließt sich ein*e Schüler*in vorsichtshalber, bei einer Augensumme von z. B. 21 die Runde zu beenden, müsste er*sie in diesem Falle 4 Punkte addieren.

Die Lernenden müssen also abwägen, wie sie ihren Punktestand möglichst gering halten. Die Punkte werden nach jeder Runde auf dem Blatt notiert. Gewonnen hat, wer am Spielende die wenigsten Punkte hat.

So geht's auch

Dieser Lückenfüller kann auch einzeln gespielt werden.

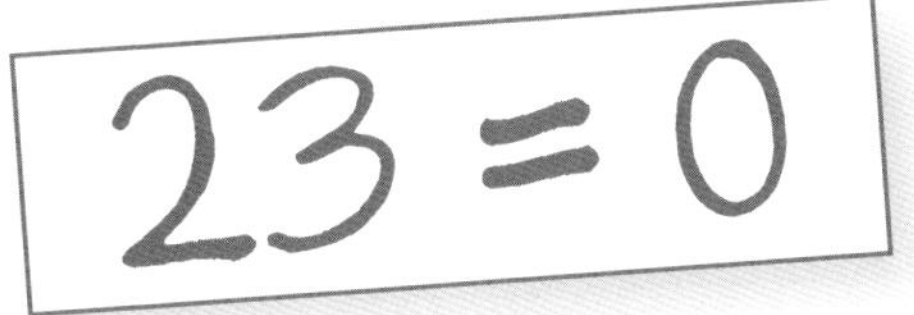

Augen auf beim Würfel-Poker

Darum geht's

Man erhält und verliert Punkte beim Würfeln – je nachdem, ob der Zufall als Glücksbringer oder als Pechsträhne mitspielt. Wer erreicht zuerst 80 Punkte?

 2 Würfel für jedes Team, Papier und Stift für jede*n

So geht's

Teilen Sie die Klasse in 3er- oder 4er-Teams ein. Jedes Team erhält zwei Würfel. Nun wird im Team reihum gewürfelt. Wer gerade an der Reihe ist, darf so lange würfeln, wie er*sie möchte. Alle Augenzahlen werden pro Runde addiert. Gewonnen hat, wer als Erste*r die Augenzahl 80 erreicht oder überschreitet (genaues Anwürfeln ist dabei nicht nötig).

Aber Achtung:

- ✗ Wird eine 1 gewürfelt, werden 5 Punkte abgezogen; zeigen beide Würfel eines Wurfs eine 1, werden 20 Punkte abgezogen;
- ✗ wird eine 2 gewürfelt, wird der Punktestand halbiert;
- ✗ zeigen beide Würfel eines Wurfs eine 2, wird der Punktestand auf 0 gesetzt.
- ✗ Punkte können jedoch nicht in den Negativbereich

gerechnet werden. Muss ein ungerader Punktestand halbiert werden, so darf der*die Schüler*in die höhere Punktezahl behalten.

✗ Es kommt also darauf an, rechtzeitig aufzuhören, um möglichst viele Punkte behalten zu können. Wer pokert am höchsten?

So geht's besser

Notieren Sie die Regeln für die Punktevergabe an der Tafel.

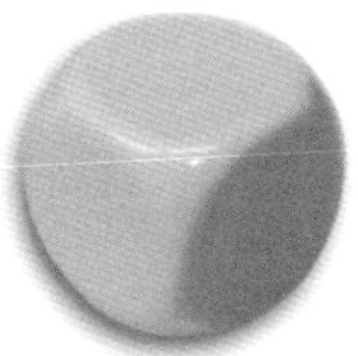

Aufgaben würfeln

Darum geht's

Rechnen unter Zeitdruck – in diesem Lückenfüller macht es Spaß.

1 Schere, Klebefilm, 1 20er-Würfel, 1 Würfel für Sie; Papier und Stift für jede*n

So geht's

Bereiten Sie zu Hause den normalen Würfel als Rechenzeichenwürfel vor, indem Sie auf die Würfelflächen 2-mal ein Additionszeichen, 1-mal ein Subtraktionszeichen, 2-mal ein Multiplikationszeichen und 1-mal ein Gleichheitszeichen kleben. Das geht ganz einfach mit Schere und Klebefilm. Der 20er-Würfel ist ein Gebilde mit 20 Flächen, von denen jede eine Zahl zwischen 1 und 20 trägt.

Nun werfen Sie vor der Klasse den 20er-Würfel und den Rechenzeichenwürfel im Wechsel – beginnend mit dem 20er-Würfel. Würfeln Sie so lange abwechselnd, bis der Rechenzeichenwürfel das Gleichheitszeichen zeigt. Notieren Sie Ihre

gewürfelten Zahlen und Rechenoperationen an der Tafel.
Die Lernenden rechnen nun um die Wette – wer die Aufgabe zuerst gelöst hat, darf die nächste Aufgabe würfeln.

So geht's auch

Natürlich können die Lernenden auch in Kleingruppen selbst Aufgaben würfeln, hierfür werden lediglich mehr Würfel benötigt.
Lassen Sie die Schüler*innen 3-mal (oder in anderer vereinbarter Häufigkeit) den 20er-Würfel werfen und anschließend 2-mal den Rechenzeichenwürfel. Nun müssen sie daraus sinnvolle Aufgaben bilden und berechnen.

Ziffern streichen

Darum geht's

Glück und Geschick spielen bei dieser Übung eine Rolle, wenn es darum geht, mögliche Würfelergebnisse einzuschätzen.

 Papier, Stift und 2 Würfel für jede*n

So geht's

Dieses Spiel wird einzeln gespielt. Jede*r schreibt die Ziffern von 1–9 auf ein Blatt Papier, würfelt anschließend mit beiden Würfeln und addiert die Summe der Augenzahlen. Nun müssen die Lernenden den gewürfelten Wert aus der Ziffernreihe auf dem Blatt streichen.

Wichtig ist, dass der Wert der Summe gestrichen werden muss, nicht unbedingt die Zahl selbst:
Zeigen die Würfel z. B. 3 und 6, ergibt die Summe der Augenzahlen: 3 + 6 = 9, daher muss nun der Wert 9 auf dem Papier gestrichen werden.

Dies kann auf verschiedenen Wegen passieren:

- ✗ die 9 streichen oder
- ✗ die 3 und die 6 streichen oder
- ✗ die 1, die 5 und die 3 streichen oder

...

Eine gestrichene Zahl darf nicht mehr genutzt werden. Wer kann am häufigsten würfeln und den geworfenen Wert streichen?

So geht's auch

Die Ziffernzeile kann um Zahlen bis 12 erweitert werden. Wenn nur zwei Würfel vorhanden sind, können Sie oder ein*e Schüler*in das Würfeln für alle übernehmen und das Ergebnis jeweils laut bekannt geben. Wer als Letzte*r noch eine Zahl auf seinem Zettel stehen hat, ist in der nächsten Runde mit Würfeln dran.

Rasch reagieren, rasch rechnen

Darum geht's

In diesem Spiel üben die Lernenden den sicheren Umgang mit den Grundrechenarten und trainieren ihre Reaktionsfähigkeit.

 1 Würfel pro Team, Papier und Stift für jede*n

So geht's

Lassen Sie die Klasse kleine Teams von 4–6 Mitgliedern bilden. Zunächst reißt jeweils ein Mitglied jedes Teams von seinem Papier vier kleine Quadrate ab (ca. 1 cm × 1 cm groß) und schreibt auf jedes dieser Quadrate ein Rechenzeichen (+, –, ·, :). Anschließend werden diese Quadrate verdeckt in die Tischmitte gelegt.
Pro Team wird nun ein*e Aufgabensteller*in bestimmt, welche*r eine willkürliche Zahl nennt, die jedes Teammitglied auf seinem Blatt Papier notiert. Danach wählt der*die Aufgabensteller*in ein Papierquadrat aus, dreht es um und würfelt anschließend.

Die Teammitglieder sollen nun aus der zuerst genannten Zahl, der gewürfelten Zahl und der Rechenoperation, die das umgedrehte Quadrat zeigt, einen Term aufstellen und diesen berechnen.
Wer die Rechnung zuerst gelöst hat, darf sich einen Strich notieren. Gewonnen hat, wer am Ende die meisten Striche hat.

So geht's auch

Lassen Sie die Lernenden nur in gewissen Zahlenmengen (z. B. Bruchzahlen, Dezimalzahlen, Menge der negativen ganzen Zahlen) arbeiten. So können Sie diesen Lückenfüller ideal als kleine Stundenwiederholung nutzen.
Auch können Sie die Teams ein zweites Rechenzeichen umdrehen und sie erneut würfeln lassen. So entstehen komplexere Rechnungen.

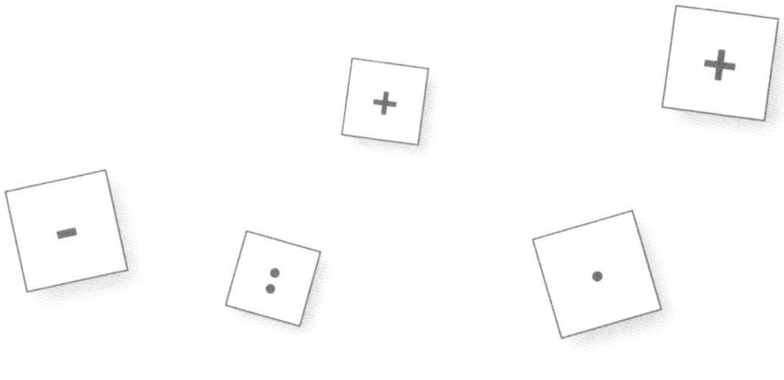

Bruchwerte vergleichen

Darum geht's

In 2er-Teams wird das Vergleichen von Brüchen geübt sowie das Umwandeln von Bruchzahlen in Dezimalzahlen. Eine Erweiterung der Übung bezieht das Überschlagen mit ein.

 2 Würfel, Papier und Stift für jede*n

So geht's

Die Lernenden bilden 2er-Teams, die durch Würfeln Bruchzahlen bilden sollen. Zunächst würfelt das erste Teammitglied mit beiden Würfeln und bildet aus den erhaltenen Augenzahlen eine Zahl:
Zeigen die Würfel z. B. eine 4 und eine 2, so darf sich der*die Spieler*in aussuchen, ob die Zahl 42 oder 24 lauten soll. Diese Zahl ergibt den Zähler des Bruches.
Den Nenner ermittelt das Teammitglied, indem es erneut mit nur einem Würfel würfelt und die gewürfelte Augenzahl als Nenner notiert.

Anschließend erwürfelt das zweite Teammitglied auf die gleiche Weise einen Bruch.
Nun soll sich das Team kurz beraten, welcher Bruch den größeren Wert hat, bevor jedes Teammitglied für sich die Brüche berechnet, also in eine Dezimalzahl umwandelt.

So geht's auch

Ergänzend können die Lernenden vor dem Berechnen des Bruches dessen Wert überschlagen. Den erhaltenen Schätzwert notieren sie neben den Brüchen. Wessen Schätzung liegt am nächsten am tatsächlichen Wert?

Vielfachen-Bingo

Darum geht's

Spielerisch wird das Erkennen von Vielfachen geübt.

 1 Würfel, Papier und Stift für jede Kleingruppe

So geht's

Bilden Sie Kleingruppen und bestimmen Sie eine nicht zu große Startzahl. Nun würfeln die Mitglieder der Kleingruppen der Reihe nach und addieren die gewürfelte Augenzahl beim ersten Würfeln zur Startzahl und dann jeweils zur bereits erhaltenen Summe dazu. Ein Gruppenmitglied hält die Ergebnisse fest, indem es sie untereinanderschreibt. Im Anschluss an die Würfelrunde sieht sich das Team die Zahlenreihe an. Ergibt eine der Zahlen ein Vielfaches der Startzahl, wird diese eingekreist. War bspw. 3 die Startzahl und das Team würfelte 4, 2, 1, 5, stehen in der Liste die Zahlen: 7 (3+4), 9 (7+2), 10 (9+1), 15 (10+5). Das Team darf nun die Zahlen 9 und 15 einkreisen, denn dies sind Vielfache von 3.
Welche Gruppe konnte die meisten Vielfachen einkreisen?

So geht's besser

Die Startzahl sollte nicht größer als 9 sein, besser noch kleiner als 6, sonst sind die Chancen zu klein, dass die Teams Vielfache erhalten.

Leiterklettern!

Darum geht's

Angelehnt an das klassische Hüpfspiel (regional bekannt u. a. als „Himmel und Hölle", „Hinkekasten", „Hopse" ...), wird in diesem Lückenfüller in einfachster Form das Vergleichen von Werten geschult sowie das kleine Einmaleins wiederholt.

 2 Würfel, Papier und Stift für jedes Team

So geht's

Lassen Sie die Lernenden 2er-Teams bilden. Zeichnen Sie dann das Spielfeld, wie es in der Abbildung gezeigt ist, an die Tafel und lassen Sie die Lernenden dieses auf ihr Papier übertragen. Dabei genügt pro 2er-Team ein Spielfeld.
Jede*r Schüler*in reißt nun vorsichtig ein kleines Stück von einer Ecke des Blattes ab, beschriftet es mit dem Anfangsbuchstaben seines*ihres Namens und platziert es in das Startfeld. Die Teammitglieder stimmen sich ab, wer die rechte und wer die linke Spalte („Leiter") des Spielfeldes nutzt.
Ein Teammitglied beginnt, würfelt mit beiden Würfeln und

	Ziel 20		
	10	15	
	9	8	
	18	20	
	12	16	
25	16	12	25
	20	18	
	8	9	
	15	10	
	Start		

multipliziert die beiden geworfenen Augenzahlen miteinander. Ist das Ergebnis genauso groß wie oder größer als der Wert, der auf dem darüberliegenden Feld in der eigenen Spalte angegeben ist, so darf es seinen Zettelabriss auf das nächste Feld legen.

Jede*r muss nun auf seiner Leiter vom Startfeld ins Ziel klettern. Es dürfen keine Felder übersprungen werden.
Eine Ausnahme stellen die halbrunden Felder mit der 25 dar: Diese bilden eine Brücke, um bei einer Augenzahl größer oder gleich 25 die 16 bzw. 12 überspringen zu können.
Beide Teammitglieder würfeln nun abwechselnd.
Gewonnen hat, wer als Erste*r ins Zielfeld geklettert ist.

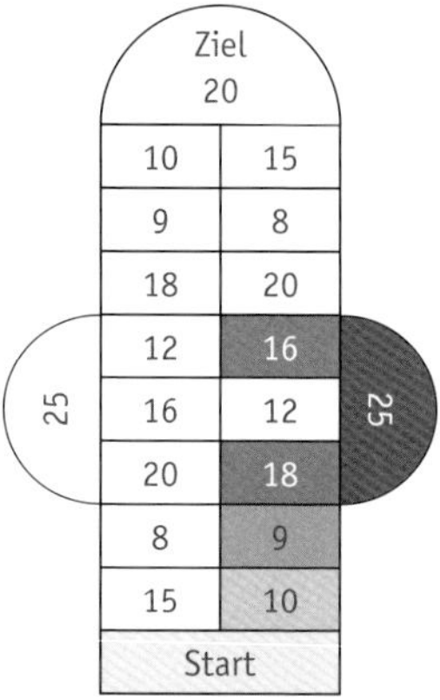
Ziel
20
10 15
9 8
18 20
12 16
25 16 12 25
20 18
8 9
15 10
Start

Das Beispiel zeigt Ihnen das Vorgehen noch einmal anschaulich – das Teammitglied muss hier die rechte Leiter emporklettern:

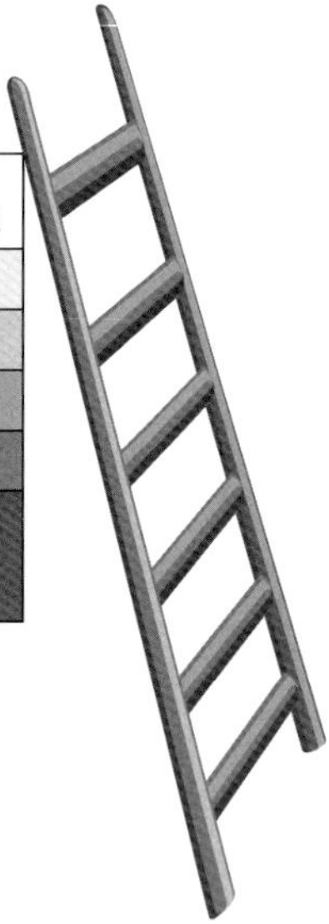

Zug Nr.	geworfene Zahlen	Produkt	angrenzende Felder	weiter auf Feld
1	2 und 3	6	10	Start
2	3 und 4	12	10	10
3	5 und 2	10	9	9
4	4 und 5	20	18	18
5	5 und 6	30	12 und 25	16 (über die 25)

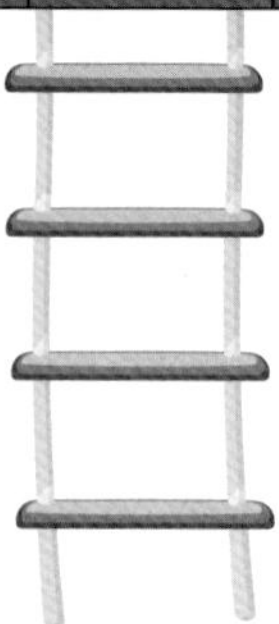

Leitern: © Alfmaler | shutterstock.com

Bewegung und Aktion

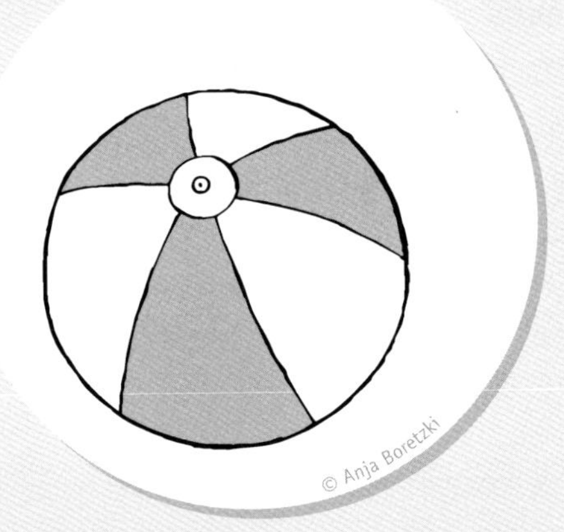

Blinde Kuh

Darum geht's

Der kreative Schwung dieser Aufgabe bringt den Lernenden viel Spaß, während sie wichtige Eigenschaften von Körpern und Flächen wiederholen und diese Kenntnisse anwenden müssen.

 2 Würfel, Papier und Stift für jedes Team

So geht's

Teilen Sie die Lernenden in 2er-Teams ein.
Jeweils eins der Teammitglieder schließt die Augen und denkt sich eine geometrische Fläche aus. Diese Fläche muss das Teammitglied nun blind zeichnen. Der*die Partner*in muss anschließend erraten, um welche Fläche es sich bei der Zeichnung handelt. Für jede falsche Antwort muss das ratende Teammitglied einen Strich auf seinem Blatt Papier notieren. Hat es jedoch die Fläche richtig erkannt, tauschen beide die Rollen und beginnen eine neue Runde. Das Team, das am Ende die wenigsten Falschantworten – also Striche – hat, hat gewonnen.

So geht's auch

Anstelle von Flächen können Sie auch Körper zeichnen lassen.

So geht's besser

Körper sind schwerer zu zeichnen als Flächen. Daher ist es ratsam, Körper eher in höheren Klassenstufen zeichnen zu lassen.

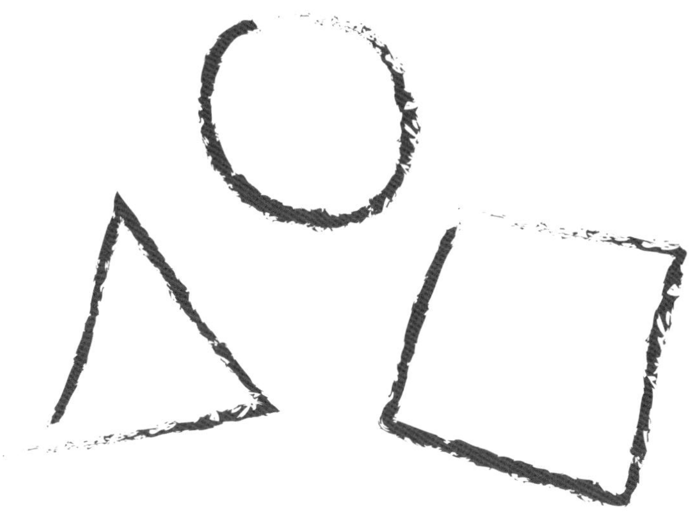

Stille Post

Darum geht's

Die Lernenden denken sich anhand von vorgegebenen Zahlen selbstständig Rechnungen aus.

 eventuell Papier und Stift

So geht's

Lassen Sie die Lernenden einen Kreis oder Stuhlkreis bilden und bestimmen Sie gemeinsam eine*n Startspieler*in.
Legen Sie fest, ob rechtsherum oder linksherum gespielt werden soll.
Der*die Startspieler*in denkt sich nun eine Zahl und eine Rechenaufgabe aus, die diese Zahl als Lösung hat. Dabei darf er*sie sämtliche Grundrechenarten verwenden. Während der*die Startspieler*in die gedachte Zahl für sich behält, flüstert er*sie die Aufgabe dem*der Nächsten im Stuhlkreis zu. Diese*r muss nun die Rechnung im Kopf lösen und wiederum eine Rechnung erfinden, die ebenfalls durch die anfangs gedachte Zahl gelöst wird.

Alle Lernenden sollten daher in einer Runde auf dieselbe Zahl kommen. Haben alle einmal gerechnet, verkündet der*die Letzte in der Runde die erhaltene Zahl. Start- und Endspieler*in verkünden im besten Falle dieselbe Zahl.

Hat sich die Zahl während der Runde verändert, so können Sie gemeinsam mit der Klasse die Fehler eruieren und die Besprechungsrunde beginnt. Hier werden die Rechnungen der Lernenden verglichen und besprochen. Wie viele Schüler*innen haben dieselbe Aufgabe gewählt? Gibt es eine Rechnung, die besonders hervorsticht?

So geht's besser

Weisen Sie vor dem Start Ihre Klasse darauf hin, dass niemand die Rechnung verwenden darf, die ihm*ihr zugeflüstert wurde, und dass alle zum Schluss ihre jeweiligen Rechnungen in der Klasse bekannt geben sollen.
Lassen Sie Ihre Schüler*innen die erdachte Rechnung verdeckt auf einem Blatt Papier notieren. So vergessen sie sie bis zur Besprechungsrunde nicht.

Messen mit dem Körper

Darum geht's

Die Schüler*innen lernen Maße und Größenverhältnisse abseits der abstrakten Mathematik in ihrer Lebensrealität kennen.

 Lineal, Papier und Stift für jede*n

So geht's

Teilen Sie die Klasse in 2er-Teams ein. Fordern Sie Ihre Lernenden zunächst auf, ihren Körper zu vermessen bzw. die Körperteile, mit denen sie im Folgenden arbeiten sollen. Lassen Sie sie die erhaltenen Längen in der Einheit Zentimeter notieren. Wichtig ist, dass jede*r die eigenen Maße nutzen muss.
Gut geeignet sind: Daumennagel, Unterarm, Fuß, Distanz zwischen Daumen und kleinem Finger, wenn die Finger gespreizt sind, und eine Schrittlänge.
Gemeinsam suchen sich die Teams nun Gegenstände in der Klasse aus, die sie mit ihrem Körper abmessen wollen. Dies können unter anderem sein: Hefte, Schulbücher, Bleistift, Tafel, Fenster, Tisch, Radiergummi, Bodenfliesen, Regale und dergleichen.

Haben sich die Teammitglieder auf einen Gegenstand geeinigt, misst nun ein Mitglied nach dem anderen den Gegenstand mit dem jeweils passenden Körperteil ab. Natürlich können die Körperteile gemischt und addiert werden – so ist ein Fenster vielleicht 2 Unterarmlängen plus 3 Daumennagelbreiten breit. Diese Körper-Einheiten werden nun mithilfe der anfangs notierten Körperteilmaße in Zentimeter umgerechnet.
Haben beide Teammitglieder die so gewonnenen Abmessungen in Zentimeter notiert, wird der Gegenstand mit dem Lineal nachgemessen. Die Abweichung zwischen beiden Maßangaben wird als Anzahl Minuspunkte notiert. Das Teammitglied mit den wenigsten Minuspunkten gewinnt die Runde und darf sich einen neuen abzumessenden Gegenstand aussuchen.
Wer am Ende der Stunde die wenigsten Minuspunkte hat, hat gewonnen.

So geht's besser

Es kann lauter in der Klasse werden, da sich einige im Klassenraum bewegen werden. Berücksichtigen Sie dies bei der Wahl von Zeit und Ort.

Mathe-Baseball

Darum geht's

Bei dieser Aufgabe wird das Rechnen in Wettkampfsituationen trainiert, während die restliche Gruppe zielorientiert zusammenarbeiten muss.

 1 leeres Federmäppchen

So geht's

Teilen Sie die Klasse so in zwei Teams ein, dass alle links sitzenden Lernenden Team A und alle rechts sitzenden Team B angehören. Team A wählt ein Mitglied aus, das vor die Klasse tritt und eine Rechnung, die Sie diktieren, an der Tafel löst. Team B versucht unterdessen, ein (leeres) Federmäppchen von vorn nach hinten durchzureichen, in der nächsten Tischreihe wieder von hinten nach vorn usw., bis es beim letzten Teammitglied angekommen ist.
Hat der*die Schüler*in an der Tafel die Rechnung gelöst, bevor das Mäppchen beim letzten Mitglied von Team B angekommen ist, erhält Team A einen Punkt. Ist das Mäppchen jedoch schneller am Ziel, als die Rechnung gelöst ist, so erhält Team B den Punkt.

© Rulan | stock.adobe.com

Nun wählt Team B ein Mitglied aus, das an der Tafel die nächste Aufgabe berechnen soll. Es gewinnt das Team, das am Spielende die meisten Punkte hat.

So geht's auch

Lassen Sie den*die Schüler*in an der Tafel Aufgaben im Kopf rechnen. Beachten Sie hierbei aber, dass die Aufgaben im Kopf lösbar sein müssen.

So geht's besser

Weisen Sie darauf hin, dass jedes Teammitglied das Mäppchen beim Durchreichen in der Hand gehabt haben muss – niemand darf übersprungen werden.
Besprechen Sie zunächst eine Reihenfolge, in der das Federmäppchen gereicht werden soll – auch möglich ist ein Durchreichen von rechts nach links oder spiralförmig erst außen herum, dann immer weiter nach innen.
Damit Schwung ins Spiel kommt, ist es ratsam, einfachere Aufgaben zu stellen, z. B. Doppelbrüche in einfache Brüche auflösen, zwei Dezimalzahlen addieren, subtrahieren oder multiplizieren, Dividieren durch eine Dezimalzahl.

König*in der Mathematik

Darum geht's

Diese Aufgabe verfestigt die Rechenkenntnisse im spielerischen Wettbewerb mit Bewegung.

 2 Blatt Papier und Stift für jede*n

So geht's

Teilen Sie die Klasse in zwei Hälften (Team A und Team B). Lassen Sie nun alle Lernenden vier Rechnungen auf einem Blatt Papier erstellen. Hier bieten sich schnell zu lösende Aufgaben an, wie Rechnen mit Brüchen und Grundrechenarten, Terme, bei denen Vorrangregeln zu beachten sind, Rechnen mit Dezimalzahlen usw.
Lassen Sie nun die Mitglieder eines Teams in der Klasse herumwandern, während die des anderen Teams auf ihren Plätzen sitzen bleiben. Sobald Sie in die Hände klatschen, gehen die Mitglieder des wandernden Teams zu einem Mitglied des sitzenden Teams. Beide tauschen dann ihre Aufgabenblätter aus und lösen die Aufgaben. Nach 1,5 Minuten geben Sie ein Signal und die aktuelle Spielrunde ist vorbei. Nun werden die Ergebnisse kontrolliert. Für jede richtig gelöste Aufgabe gibt

es einen Punkt. Die Lernenden notieren die erhaltene Punktzahl mit der*dem aktuellen Partner*in klein auf dem zweiten Blatt Papier.
Eine neue Runde beginnt, indem Sie die Wandergruppe weiterziehen lassen. Dabei geht jedes Mitglied des wandernden Teams mit seinem eigenen Aufgabenzettel zu einer*einem anderen sitzenden Spieler*in. Wieder tauschen beide die Aufgabenzettel aus und lösen die vier Aufgaben. So ergeben sich in den einzelnen Spielrunden immer wieder neue Spielpartner*innen zum Austausch der Aufgabenblätter.
Zum Schluss werden alle erhaltenen Punkte addiert. Wer die meisten Punkte erkämpfen konnte, ist der*die König*in.

So geht's besser

Durch das Wandern kann es unruhig in der Klasse werden – achten Sie darauf, dass kein anderer Unterricht dadurch gestört wird.
Weisen Sie die Klasse an, einfachere Rechnungen zu verwenden, um den Spielfluss nicht abreißen zu lassen.

Schlange stehen

Darum geht's

Diese Übung bietet Gelegenheit, gelerntes Wissen zu wiederholen und ohne Prüfungssituation abzufragen.

So geht's

Bilden Sie aus der Klasse zwei Teams und lassen Sie die Lernenden sich in zwei Schlangen aufstellen. Dabei sollen die Schlangen so orientiert sein, dass sich die jeweiligen Ersten aus den Teams ansehen. Sie selbst sollten sich zwischen den beiden Schülerschlangen positionieren, um sicherzustellen, dass beide vorderen Lernenden Sie gut verstehen können. Stellen Sie nun eine Frage und geben Sie ausreichend Zeit, um diese beantworten zu lassen. Hat der*die Vorderste die Frage richtig beantwortet, gibt es einen Punkt dafür, der*die Andere geht leer aus. Beide gehen zum Ende ihrer jeweiligen Schlange, der*die Zweite rückt nun an die Spitze und muss die nächste Frage beantworten.
Welches Team beantwortet die meisten Fragen richtig? Notieren Sie den Punktestand an der Tafel.

So geht's auch

Hier bietet es sich an, theoretische Fragen zu stellen:

- ✗ Wie wird der Flächeninhalt eines Rechtecks berechnet?
- ✗ Mit welcher Einheit werden Raummaße angegeben?
- ✗ Sind bei einem Quadrat alle Seiten gleich lang?
- ✗ Wo befindet sich der Nenner im Bruch?
- ✗ Nenne einen uneigentlichen Bruch!
- ✗ Wie groß ist ein gestreckter Winkel?
- ✗ Nenne drei Winkelarten!
- ✗ Ist ein Hundertstel oder ein Zehntel kleiner?

Natürlich können auch Rechnungen im Kopf gelöst werden, diese sollten sich aber leicht lösen lassen. Außerdem sollten die Runden nicht ins Stocken geraten, sodass jede*r Schüler*in mehrmals drankommt.

So geht's besser

Die Schüler*innen sind aufgeregt und fiebern mit. Daher kann es sein, dass die wartenden Schüler*innen von Runde zu Runde unruhiger werden. Pausieren Sie in so einem Fall die Runde kurz und erklären Sie den Schüler*innen, wie wichtig es ist, dass sie ruhig bleiben, da sich der*die jeweils befragte Schüler*in sonst nicht konzentrieren kann.

Dem Kreis entfliehen

Darum geht's

Das Trainieren von Kopfrechnen steht im Zentrum dieses Lückenfüllers.

 1 weicher Ball

So geht's

Lassen Sie die Lernenden einen Kreis bilden und jemanden wählen, der beginnen soll. Der- oder diejenige nimmt sich den Ball, stellt sich in die Mitte des Kreises und überlegt sich eine Aufgabe aus zwei Zahlen und einer der vier Grundrechenarten. Diese Aufgabe gibt er*sie laut und deutlich bekannt und wirft nach dem vollständigen Aussprechen der Aufgabe den Ball zu einem*einer anderen Spieler*in aus dem Kreis. Diese*r hat nun 5 Sekunden Zeit, um die korrekte Lösung zu nennen.

Ist die Antwort richtig und in der festgesetzten Zeit gegeben, darf der*die Antwortende den Kreis verlassen.
Ist die Antwort falsch oder kam sie zu spät, bleibt er*sie im Kreis stehen.
Ziel des Spieles ist es, den Mathe-Kreis zu verlassen. Wer zuletzt im Kreis übrig bleibt, muss in der nächsten Runde in der Mitte stehen und einfache Rechnungen ansagen.

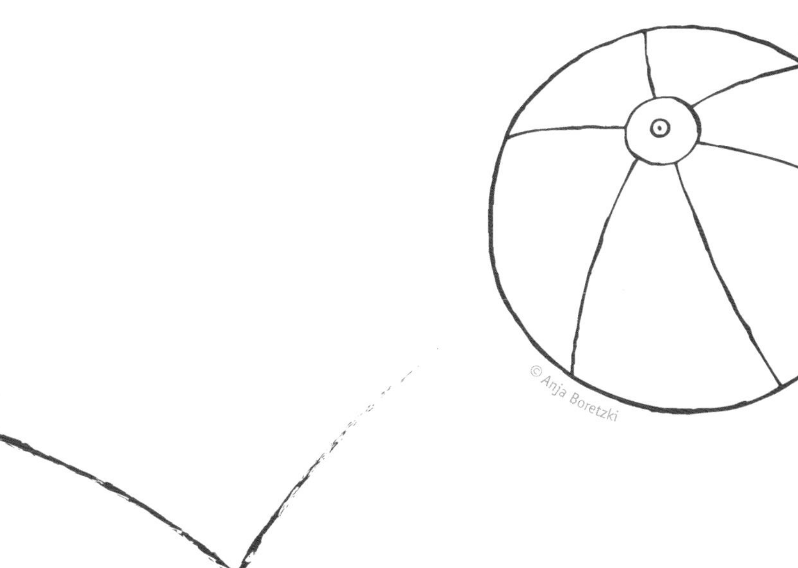

Schummeln

Darum geht's

Bei dieser Aufgabe geht es um möglichst schnelles Rechnen, aber auch um Reaktionsschnelligkeit.

 Papier und Stift für jede*n

So geht's

Zu Beginn des Spiels legen alle Lernenden Papier und Stift vor sich auf dem Tisch bereit. Bitten Sie um zwei Freiwillige, von denen eine*r eine einfache Rechnung auf einem Blatt Papier notiert und dieses zusammenfaltet. Der*die andere Freiwillige geht an die Tafel, dreht sich von der Klasse weg und zählt laut von 1–20 (am besten im Sekundentakt).
Die Klasse soll nun das zusammengefaltete Blatt von Tisch zu Tisch werfen, tragen, schieben ..., ohne dass der*die Zählende an der Tafel mitbekommt, wo es sich aktuell befindet. Dabei müssen die Lernenden, die das Blatt bekommen haben, die richtige Lösung (und nur diese) auf ihr eigenes Blatt übertragen.

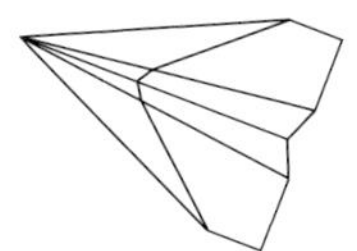

Hat der*die Schüler*in an der Tafel bis 20 gezählt, dreht er*sie sich schnell um. Die anderen Lernenden müssen in dem Moment des Umdrehens sofort stillhalten und dürfen sich nicht mehr bewegen. Da aber laut gezählt wird, können sich alle gut darauf einstellen und das gefaltete Blatt verschwinden lassen, denn der*die Zählende darf dieses beim Durchgehen durch die Klasse nicht entdecken.
Ziel ist es, dass nun alle Schüler*innen durch heimliches Weiterreichen der Aufgabe das Ergebnis auf ihr eigenes Blatt schreiben, während der*die Zählende weiterhin durch die Klasse geht. Entdeckt er*sie jedoch das gefaltete Blatt, hat die Klasse verloren.
Die Klasse hat das Spiel gewonnen, wenn jede*r Lernende die Lösung auf seinem Zettel stehen hat.

So geht's besser

Wechseln Sie in jeder Spielrunde nicht nur den*die Zählende*n, sondern lassen Sie auch die Aufgabe jedes Mal von jemand anderem stellen.
Geben Sie bei Bedarf vor dem Spiel den Tipp, dass der*die Zählende beim Durchgehen durch die Klasse einen kurzen Überblick erhalten kann, wer schon Lösungen auf seinem Blatt stehen hat. Das hilft bei der Einschätzung, wo der Zettel sein könnte.

Auf die Plätze! Fertig! Platz!

Darum geht's

Diese sportliche Aufgabe bietet eine amüsante Abwechslung zum bewegungslosen Schulalltag und trainiert dabei das Kopfrechnen.

 Papier und Stift für jede*n

So geht's

Kontrollieren Sie die Anzahl der Stühle in der Klasse und entfernen Sie bei Bedarf so viele Stühle, dass es einen Sitzplatz weniger gibt als teilnehmende Lernende.
Die Schüler*innen sollen nun in der Klasse spazieren gehen, während Sie eine Rechnung und eine Lösung dazu verkünden. Diese Lösung kann sowohl richtig als auch falsch sein.
Ist das genannte Ergebnis falsch, müssen sich die Lernenden weiterhin im Klassenraum fortbewegen. Ist die Lösung jedoch richtig, müssen sie sich schnell einen freien Sitzplatz suchen. Wer keinen Sitzplatz erwischt, scheidet aus. Dann wird ein Stuhl entfernt und die nächste Runde beginnt. Gewonnen hat, wer als Letztes herumwandert. Setzt sich ein*e Schüler*in fälschlicherweise, so scheidet er*sie ebenfalls aus. Achten Sie darauf, dass Sie in dem Fall zwei Stühle aus dem Spiel nehmen müssen.

So geht's auch

Bilden Sie aus der Klasse zunächst 2–3 Teams. Anschließend wird nach den erläuterten Regeln gespielt. Wer keinen Sitzplatz ergattert, erhält für sein Team einen Punkt. Anschließend wird ein Stuhl aus dem Spiel genommen, es scheidet aber niemand aus. So erhöht sich jedes Mal die Punktzahl, um die gespielt wird. Hat sich jemand fälschlicherweise gesetzt, bleibt der*die Schüler*in hier auch im Spiel, erhält aber einen Punkt für die Mannschaft. Verloren hat, wer die meisten Punkte gesammelt hat.

So geht's besser

Sobald Sie Rechnung und Lösung verkündet haben, wird es natürlich hektisch in der Klasse. Erinnern Sie die Klasse daran, dass nicht gelaufen und gestoßen wird.
Halten Sie die Aufgaben einfach, da die Lernenden im Kopf rechnen müssen.
Notieren Sie die Punktestände bei der Variante des Teamspiels gegebenenfalls an der Tafel, um einen besseren Überblick zu erhalten.

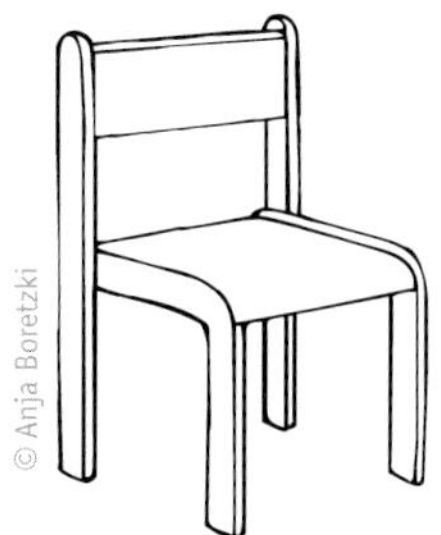
© Anja Boretzki

Besserwisser stehen angenehmer

Darum geht's

Die wettkampforientierte Atmosphäre bei diesem Spiel sorgt für ein engagiertes und motiviertes Kopfrechnen.

So geht's

Lassen Sie die Lernenden sich hinstellen und geben Sie ihnen Rechenaufgaben, die sie schnell im Kopf lösen müssen. Wer das Ergebnis zuerst nennt, darf stehen bleiben, während alle anderen in bestimmte Positionen wechseln müssen. Diese Position müssen sie halten, bis die nächste Aufgabe gelöst ist. Dann müssen sie entweder die nächste Position einnehmen oder dürfen stehen bleiben – Letzteres dann, wenn sie es geschafft haben, als Erste*r ein richtiges Ergebnis zu nennen.

Die Reihenfolge der zu haltenden Positionen kann z. B. sein:
1. den linken Arm waagrecht halten;
2. auf einem Bein stehen;
3. in die Hocke gehen;
4. beide Hände nach oben strecken;
5. auf den Zehenspitzen stehen.

Wurden alle Positionen schon einmal eingenommen, geht es wieder bei Position 1 los.

So geht's besser

Schreiben Sie die einzunehmenden Positionen gegebenenfalls an die Tafel.

Durch das In-die-Klasse-Rufen der Lösung kann es natürlich etwas chaotischer im Klassenraum zugehen. Achten Sie darauf, von wem die Lösung zuerst kommt.

Ist eine*r der Lernenden extrem schnell, so kann diese*r die Aufgaben stellen oder ab und an pausieren, um den Mitschüler*innen auch eine Chance zu lassen.

Von Level zu Level

Darum geht's

Diese Übung trainiert das Kopfrechnen im Wettbewerb.

So geht's

Stellen Sie so viele Stühle in einer geraden Schlange hintereinander auf, wie Ihre Klasse Schüler*innen hat. Die Lernenden gruppieren sich an einem Ende. Stellen Sie den Schüler*innen nun eine leicht im Kopf zu lösende Aufgabe, geben Sie Ihnen kurz Zeit und vergleichen Sie dann die Ergebnisse. Wer ein richtiges Ergebnis hat, darf auf die Höhe des nächsten Stuhls vorgehen. Bei einem falschen oder zu späten Ergebnis müssen die Lernenden sich auf den Stuhl setzen, der sich gerade auf ihrer Höhe befindet, und scheiden aus. Scheiden mehrere Schüler*innen beim gleichen Level aus, stellen sie sich hinter dem entsprechenden Stuhl auf. Wer erreicht das höchste Level und schafft es, die meisten Stühle hinter sich zu lassen?

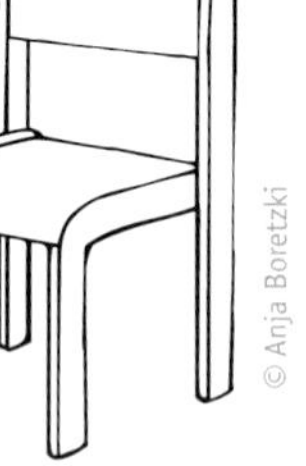

Geometrie

Polygone

Darum geht's

In diesem Lückenfüller ziehen die Lernenden Polygonzüge nach bestimmten Regeln, die zu einem Polygon geschlossen werden.

 kariertes Papier, dünner Filzstift und Bleistift für jede*n

So geht's

Lassen Sie die Lernenden mithilfe von Filzstift und kariertem Papier ein 5 cm x 5 cm großes Punktraster mit einem Rasterabstand von 1 cm bzw. 2 Kästchen erstellen (auf jeden zweiten Schnittpunkt der Kästchenlinien kommt ein Punkt).
Nun sollen die Lernenden mit dem Bleistift in dieses Raster eine Linie bzw. einen Polygonzug zeichnen, der zum Schluss ein geschlossenes Polygon ergeben muss, das folgende Eigenschaften besitzt:

- ✗ Jeder Punkt im Raster soll berührt werden;
- ✗ jeder Rasterpunkt muss auch einen Eckpunkt darstellen, d. h., dass der Polygonzug nach jedem Punkt die Richtung ändern muss;
- ✗ der Polygonzug darf sich nicht schneiden.

So geht's auch

Lassen Sie weitere Polygone in Punktrastern anderer Größen zeichnen, z. B. 7 × 7, 8 × 8 oder 9 × 9.

Koordinaten anmalen

Darum geht's

Diese Aufgabe führt zu einem routinierteren Umgang mit Darstellungen in Koordinatensystemen.

 kariertes Papier, Geodreieck, Bleistift oder Buntstift für jede*n

So geht's

Zu Beginn zeichnen die Lernenden ein Koordinatensystem auf ihr Blatt kariertes Papier. Dabei erhalten die Achsen jedoch keine Skalenstriche, sondern es werden die Kästchen durchnummeriert, ausgehend vom Koordinatenursprung einmal nach oben und einmal nach rechts.
Übertragen Sie derweil die Koordinaten an die Tafel, anhand derer die Lernenden dann eine Form zeichnen sollen – ohne die Form selbst zu nennen. Lassen Sie die Lernenden nun die Form in ihr Koordinatensystem einzeichnen, indem sie die durch die Koordinaten bezeichneten Kästchen einfärben.

Die folgenden Koordinaten ergeben z. B. eine Herzform:
A(2|6), B(7|4), C(5|2), D(3|4), E(6|7), F(8|5), G(6|3), H(3|7), I(4|3), J(4|7), K(5|6), L(7|7), M(2|5), N(8|6).

Beim Finden weiterer Formen sind der Fantasie keine Grenzen gesetzt – viele weitere Formen sind möglich, wie diese:

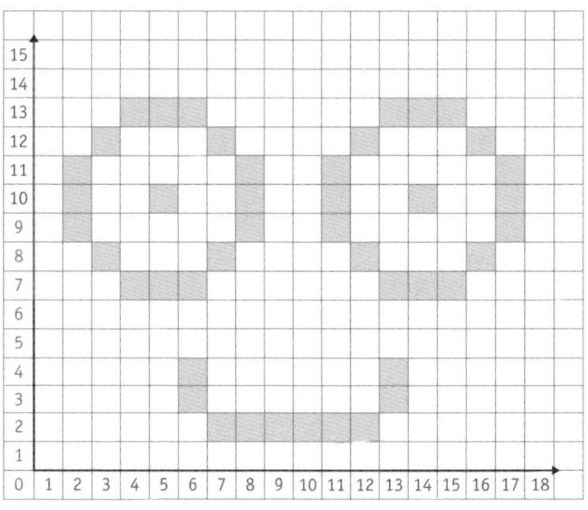

So geht's auch

Sie können auch die Lernenden motivieren, sich selbst gegenseitig Koordinaten anzusagen.

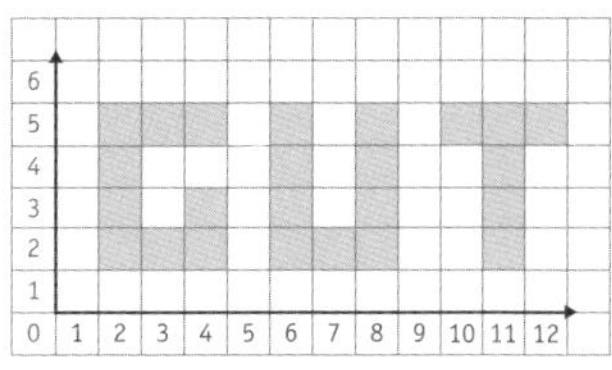

Winkelgrößen schätzen

Darum geht's

Die Schüler*innen sollen ihr Augenmaß trainieren, indem sie üben, Größen von Winkeln einzuschätzen.

 Papier und Stift für jede*n, Tafeldreieck

So geht's

Überlegen Sie sich eine Winkelgöße in Grad und schreiben Sie diese auf einen Zettel. Wählen Sie eine*n Schüler*in aus, der*die an der Tafel diesen Winkel mithilfe des Tafeldreiecks konstruiert. Zeigen Sie nur dem*derjenigen an der Tafel den Zettel mit der Gradzahl, ohne dass der Rest der Klasse diese sehen kann.
Stellen Sie den Lernenden nach Fertigstellung der Zeichnung etwas Zeit zur Verfügung, um den dargestellten Winkel zu schätzen. Ihren Schätzwert halten die Lernenden auf einem Blatt Papier fest.
Sind alle zu einer Schätzung gelangt, verrät der*die Schüler*in an der Tafel die tatsächliche Winkelgröße.

So geht's auch

Dieser Lückenfüller kann auch als Partner- oder Klassenspiel genutzt werden.

So geht's besser

Helfen Sie dem*der Schüler*in an der Tafel bei Bedarf. Oft sind die Lernenden sehr nervös und haben keine Übung darin, mit Kreide und Tafeldreieck zu arbeiten.

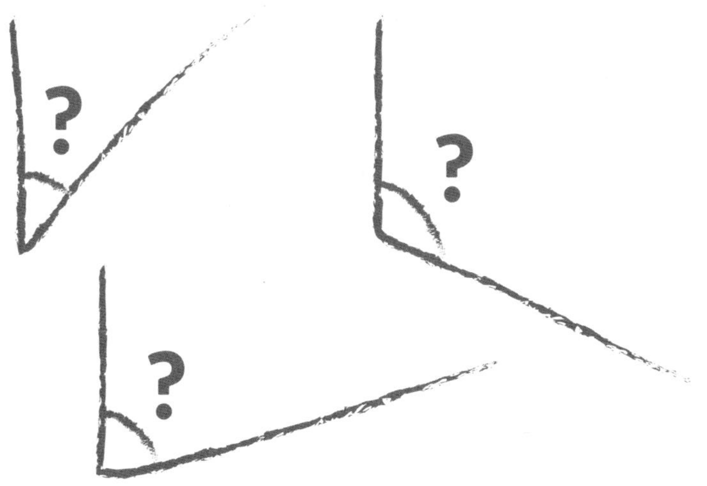

Flächen versenken

Darum geht's

Angelehnt an das bekannte Spiel, wird bei dieser Übung der Umgang mit Koordinatensystemen geübt.

 kariertes Papier und Stift für jede*n

So geht's

Lassen Sie Ihre Lernenden ein einfaches Raster mit einem Linienabstand von 1 cm (2 Kästchen) und einer Gesamtgröße von 6 cm x 6 cm auf kariertes Papier zeichnen. So erhalten die Lernenden ein Quadrat, unterteilt in 36 kleine Felder. Die Zeilen werden auf der linken Seite mit 1–6 nummeriert und die Spalten unterhalb des Quadrats mit Buchstaben von A–F beschriftet.
Lassen Sie die Klasse 2er-Teams bilden. Nun soll jede*r Schüler*in verschiedene Flächen in dem Raster verstecken. Dabei darf kein Teammitglied sehen, wo der*die jeweilige Partner*in die Flächen einzeichnet. Es gilt, sechs Kreise, vier Dreiecke, ein Drachenviereck und ein Trapez zu verstecken. Diese geben in der Endwertung verschiedene Punktzahlen:

Kreise: plus 3 Punkte,
Dreiecke: plus 5 Punkte,
Trapez: Gesamtergebnis mit 2 multiplizieren,
Drachenviereck: minus 2 Punkte.

Die Teammitglieder stellen nun Vermutungen auf, wo der*die Partner*in die Flächen versteckt hat, und fragen sich abwechselnd die vermuteten Koordinaten ab, bspw. in Form von:
Befindet sich eine Fläche auf C5?
Hast du eine Fläche auf F6 versteckt?

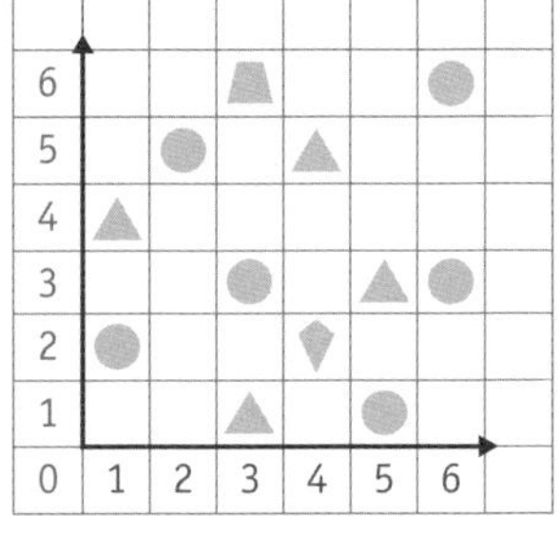

Wird eine Frage bejaht, erhält der*die Fragende Plus- oder Minuspunkte entsprechend den Regeln. Wird eine Frage verneint, erhält der*die Fragende keine Punkte.
Zum Schluss werden alle Punkte addiert und das Gesamtergebnis gegebenenfalls dank des Trapezes verdoppelt. Es gewinnt der*die Schüler*in mit den meisten Punkten.

So geht's auch

Lassen Sie die gefundenen Koordinaten wie folgt aufschreiben:
▲ (B|4), ■ (F|2), ...
Damit wird eine übliche Koordinatenschreibweise geübt.

Lassen Sie die Lernenden fünf Kreise im ganzen Raster verstecken. Nun muss der*die jeweilige Teampartner*in diese möglichst schnell ohne Fehlschläge finden. Wer die wenigsten Versuche brauchte, um alle fünf Kreise zu finden, hat gewonnen. Die Versuche werden durch Striche neben dem Raster markiert.

So geht's besser

Geben Sie den Lernenden den Hinweis, dass sie in ihrem eigenen Raster die jeweils bereits gefragten Felder durchstreichen sollten, denn so können sie Doppelnennungen vermeiden.

Kunst mit Geometrie

Darum geht's

Spielerischer und kreativer Umgang mit geometrischen Figuren fördert das Verständnis für diese.

 kariertes Papier, Geodreieck, Bleistift für jede*n

So geht's

Besprechen Sie vor Beginn bei Bedarf noch einmal die gängigsten geometrischen Flächen und skizzieren Sie diese gegebenenfalls an der Tafel. Lassen Sie die Lernenden mit Geodreieck und Bleistift dann ein geometrisches Kunstwerk erschaffen. Dabei dürfen sie außer Kreisen alle geometrischen Flächen verwenden. Anschließend sollen sie das Kunstwerk an einer beliebig gewählten Achse spiegeln, wodurch sich ein harmonisches Gesamtbild ergibt.
Die Lernenden können auch durch die Klasse gehen, um sich gegenseitig ihre Kunstwerke zu zeigen und Ideen auszutauschen.

Vier in einer Reihe

Darum geht's

Diese kurze Aufgabe schult das Vorstellungsvermögen, wie Dinge in der Ebene angeordnet werden können.

 2 Buntstifte, kariertes Papier für jedes 2er-Team

So geht's

Lassen Sie die Lernenden 2er-Teams bilden. Jedes Team zeichnet ein Raster auf das Papier mit einem Linienabstand von 2 Kästchen bzw. 1 cm, in einer Gesamtgröße von 5 cm x 5 cm. Jedes Teammitglied wählt einen Buntstift, wobei sich die Farben unterscheiden müssen. Nun zeichnen die Teampartner*innen abwechselnd je einen Kreis in ihrer Farbe in ein Kästchen des Rasters. Wer es schafft, vier Kreise in seiner Farbe in einer Linie (senkrecht, waagerecht oder diagonal) in das Raster zu setzen, hat die Runde gewonnen.

So geht's auch

Natürlich kann auch mit anderen Rastergrößen gespielt werden – das bekannte Tic-Tac-Toe umfasst bspw. ein 3×3-Raster. Stehen keine Stifte in zwei Farben zur Verfügung, können die Teammitglieder auch unterschiedliche Symbole zeichnen, wie Kreis und Kreuz.

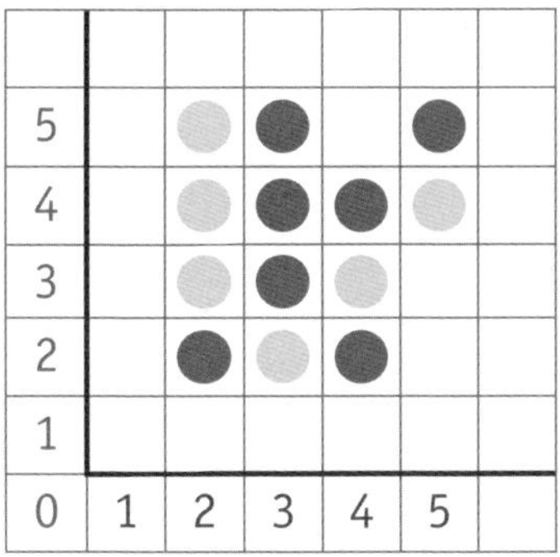

Vierecke zeichnen

Darum geht's

Die Lernenden gewinnen ein besseres Verständnis dafür, wie sich Flächenform, Umfang und Flächeninhalt zueinander verhalten.

 kariertes Papier und Stift für jede*n

So geht's

Lassen Sie die Lernenden ein quadratisches Punktraster auf ihr kariertes Papier zeichnen – 3 Kästchen hoch und 3 Kästchen breit.
Nun sollen die Lernenden in dieses Raster so viele verschiedene (d. h. nicht kongruente) Vierecke wie möglich einzeichnen, wobei jeder Eckpunkt der Vierecke auf einem Punkt des Punkterasters liegen muss.
Wer findet nun am schnellsten alle möglichen Vierecke?
Die Seiten der Vierecke müssen weder parallel noch senkrecht aufeinander stehen, sie dürfen sich aber nicht schneiden.
Für ein einzelnes Viereck müssen nicht alle Rasterpunkte verwendet werden.

Lösung:
Es gibt 16 verschiedene, nicht kongruente Vierecke, die in das Raster eingezeichnet werden können.

Zum Schluss können Sie die Frage stellen, ob alle Vierecke den gleichen Flächeninhalt haben. Je nach Kenntnisstand der Klasse können Sie eine einfache Ja/Nein-Antwort nach bloßer Anschauung erfragen oder auch Flächen berechnen lassen – gegebenenfalls als zusammengesetzte Flächen aus mehreren Dreiecken. Dazu ist es evtl. günstiger, das Punktraster mit einem Punktabstand von 1 cm zu zeichnen, weil sich dann leichter rechnen lässt.

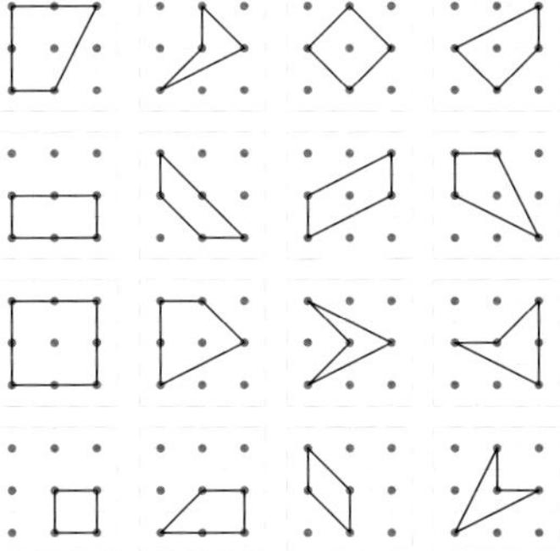

Körper bauen

Darum geht's

Diese handwerkliche Übung hilft, den Zusammenhang zwischen Netzen und Körpern zu begreifen.

karierte Papier, Stift, Schere, Klebefilm, Geodreieck für jede*n

So geht's

Die Lernenden zeichnen das Netz eines beliebigen Körpers (Würfel, Quader, Zylinder, Pyramide ...) auf das Blatt Papier und schneiden das Netz aus. Dann falten sie es zu dem entsprechenden Körper und fixieren die aneinanderstoßenden Kanten mit Klebefilm.

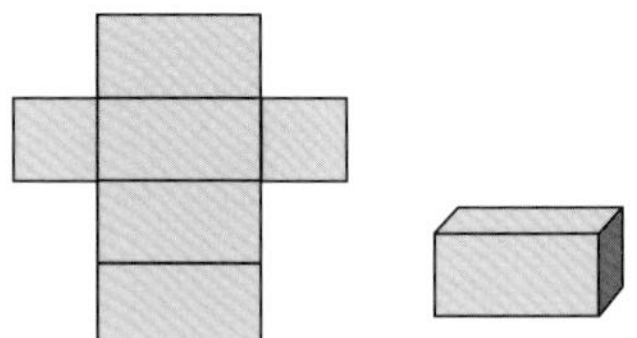

So geht's besser

Achten Sie darauf, dass die Netze nicht zu klein geraten, damit sie sich noch gut falten und kleben lassen.

Spielerisches

Bruchdrillinge

Darum geht's

Das Erkennen von Beziehungen zwischen Brüchen und grafischen Darstellungen wird trainiert und eine Verbindung der Bruchdarstellung mit der Lebenswelt der Lernenden hergestellt.

 Papier, Stift, Geodreieck, Schere für jede*n

So geht's

Gespielt wird mit der ganzen Klasse. Jede*r Schüler*in soll sich einen beliebigen Bruch ausdenken und diesen auf drei verschiedene Arten darstellen.
Dazu zeichnen die Schüler*innen drei Quadrate der Seitenlänge 3 cm und schneiden sie aus. In jedem dieser Quadrate soll der Bruch auf eine andere Art dargestellt werden. Im ersten Quadrat steht die Bruchzahl selbst, z. B. $\frac{3}{4}$. In das zweite Quadrat zeichnet der*die Schüler*in eine passende bildliche Darstellung des Bruchteils, bspw. in Kreissektoren, geteilten Rechtecken, Pizzastücken etc. Wichtig ist, dass der Bruchteil gut erkennbar ist. In das dritte Quadrat schreiben die Schüler*innen ihren jeweiligen Bruchteil als Dezimalzahl.
Haben alle Lernenden ihre drei Bruchdarstellungen fertiggestellt, sammeln Sie die Quadrate ein, in denen die Bruch-

zahlen stehen, mischen diese gut durch und teilen sie wieder an die Lernenden aus. Die anderen beiden Quadrate bleiben gut sichtbar an den Plätzen liegen. Jede*r Schüler*in soll nun die passenden Quadrate zu der Bruchzahl finden, die er*sie beim Austeilen erhalten hat.

So geht's auch

Natürlich können auch die Quadrate mit den bildlich dargestellten Bruchteilen oder die mit den Dezimalzahlen eingesammelt und wieder ausgeteilt werden. Dies erhöht jedoch den Schwierigkeitsgrad.

So geht's besser

Lassen Sie keine Namen auf die Quadrate schreiben, da dies einen Hinweis auf den Sitzplatz geben könnte, wo sich die zu suchenden Quadrate befinden.
Aus demselben Grund sollten Sie vor dem Spiel eine einheitliche Größe für die Quadrate vereinbaren.

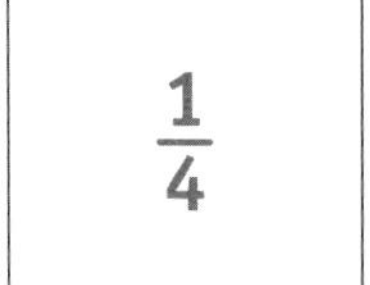

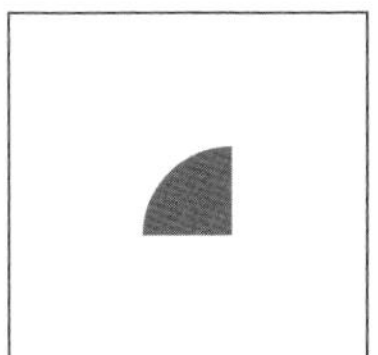

Wahrsagen

Darum geht's

Der Umgang mit Zahlen und das Verständnis für deren Eigenschaften und Beziehungen untereinander wird geübt.

So geht's

Lassen Sie die Klasse eine*n Spieler*in wählen, der*die sich eine Zahl ausdenkt. Um besser mit der Klasse interagieren zu können, sollte er*sie vor dieser stehen. Der Rest der Klasse muss nun die Zahl erfragen, mit Fragen wie:

- ✗ Ist deine Zahl größer als 38?
- ✗ Ist die gesuchte Zahl durch 5 teilbar?
- ✗ Ist die Zahl kleiner als 87?
- ✗ Ist die gesuchte Zahl gerade?

Dabei darf der*die vorn Stehende nur mit Ja oder Nein antworten.
Gewonnen hat, wer die Zahl zuerst benennen kann.

So geht's auch

Lassen Sie zwei Teams bilden, die abwechselnd Fragen stellen dürfen. Das Team, das die Zahl als erstes errät, hat gewonnen.

So geht's besser

Sie sollten den Spielablauf behutsam leiten, sodass jede*r Schüler*in die gleiche Chance hat, beim Stellen der Fragen an die Reihe zu kommen.
Legen Sie die Menge der Zahlen, aus der die zu ratende Zahl stammen muss, vorher fest und achten Sie darauf, dass sie nicht zu viele Zahlen enthält – bspw. alle Zahlen zwischen 0 und 50. Umso größer der zur Verfügung stehende Zahlenraum ist, umso unmotivierender kann die Suche nach der Zahl sein.

Mathesprint

Darum geht's

Auf spielerische Weise wird das bisher Gelernte wiederholt und in einen Wettkampf umgesetzt. Die Herausforderung besteht darin, trotz des Willens zum Sieg die Antworten wohlüberlegt zu geben.

 2 Magnete

So geht's

Teilen Sie die Klasse in zwei Teams. Zeichnen Sie an die rechte Tafelseite eine Startfahne und an die linke Tafelseite eine Zielfahne. Verbinden Sie die zwei Fahnen mit einem Strahl und versehen Sie diesen mit Skalenstrichen. Positionieren Sie die Magnete bei der Startfahne – einen unter und einen über dem Strahl. Diese Magnete stellen die zwei Teams dar. Stellen Sie den Schüler*innen nun Rechenaufgaben und rücken Sie den Magneten für das Team, welches die Frage als erstes richtig beantwortet hat, um eine Einheit in Richtung Ziel. Gewonnen hat das Team, dessen Magnet als erster die Zielfahne erreicht.

So geht's auch

Das gegnerische Team darf bei einer falsch gegebenen Antwort vorrücken.
Die Klasse kann auch in drei oder mehrere Teams geteilt werden.

So geht's besser

Stellen Sie in den Runden lieber einfachere Aufgaben, aber dafür mehr.
Legen Sie vorher fest, ob im Kopf gerechnet werden soll oder ob schriftliche Rechnungen erlaubt sind.
Sie können auch theoretische Fragen stellen. Z. B. bieten sich Fragen zu Formeln und Eigenschaften von Körpern und Flächen an. Diese Fragen können auch im Kopf gelöst werden.
Um eine zu große Unruhe zu vermeiden, besprechen Sie vorher, dass die Teams die Lösung nicht in den Raum rufen, sondern dass sich ein Teammitglied meldet, sobald eine Lösung erarbeitet ist.

Mathe-ABC

Darum geht's

In diesem Lückenfüller sammeln die Lernenden Begriffe aus der Mathematik.

 Papier und Stift für jede*n

So geht's

Fordern Sie Ihre Lernenden auf, die Buchstaben des Alphabets untereinander auf ein Blatt Papier zu schreiben. Zu jedem Buchstaben suchen die Schüler*innen dann einen Begriff aus der Mathematik, der mit dem betreffenden Buchstaben beginnt. Diese Begriffe können geometrische Figuren, Rechenoperationen, Mengen etc. benennen, aber bspw. auch bekannte Mathematiker.

Beispiele sind: Addition, Bruchstrich, Cosinus, Diagonale, Einheit, Formeln, Geometrie, Höhe, Inkreis, Jahreszinsen, Kilometer, Länge, Mittelpunkt, Negativ, Operationszeichen, Pythagoras, Querschnitt, Radius, Schwerpunkt, Tonne, Ursprung, Volumen, Winkel, X-Achse, Y-Achse, Zylinder.

So geht's besser

Die Anfangsbuchstaben können farbig geschrieben werden. So kommt das ABC noch besser zur Geltung.
Wenn genügend Zeit vorhanden ist, kann die Klasse aus allen Mathe-ABCs ein gemeinsames gestalten: Schreiben Sie die von den Lernenden (gegebenenfalls mit Ihrer Hilfe) ausgewählten Begriffe auf ein Plakat, das im Klassenraum aufgehängt wird.
Regen Sie auch immer mal Gespräche über die Bedeutung der Begriffe an.

Mathe-Suchsel

Darum geht's

Die Schüler*innen lernen neben Rechenoperationen und Formeln auch viele mathematische Begriffe, die im Unterrichtsalltag kaum Wiederholung finden. Diese Begriffe können hier in Erinnerung gerufen werden.

 kariertes Papier und Stift für jede*n

So geht's

Lassen Sie die Lernenden 2er-Teams bilden. Dann schreibt jedes Teammitglied sieben mathematische Begriffe auf sein Blatt Papier, ohne dass der*die Partner*in diese lesen kann. Diese geschriebenen Wörter können später als Kontrolle dienen. Dann drehen beide ihre Blätter um und zeichnen ein großes Quadrat auf die Rückseite – dieses muss mindestens so viele Kästchen in Höhe und Breite umfassen, wie das längste der sieben Wörter Buchstaben hat. Nun schreibt jede*r die von ihm oder ihr gewählten Wörter in dieses Quadrat, indem sie für jeden Buchstaben ein Kästchen benutzen – natürlich darf auch jetzt der*die Partner*in dies nicht sehen. Dabei können sie die Wörter senkrecht oder waagerecht schreiben. Stehen alle sieben Wörter im Quadrat, werden die restlichen Kästchen mit beliebigen Buchstaben aufgefüllt.

Nun sind die sieben Mathe-Wörter gut versteckt und die Lernenden tauschen mit ihrem*ihrer jeweiligen Partner*in die Blätter aus.
Wer zuerst alle sieben Mathe-Wörter gefunden hat, gewinnt die Runde.

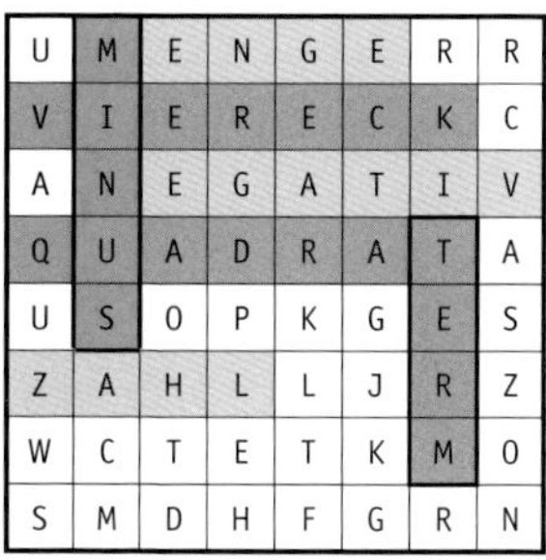

U	M	E	N	G	E	R	R
V	I	E	R	E	C	K	C
A	N	E	G	A	T	I	V
Q	U	A	D	R	A	T	A
U	S	O	P	K	G	E	S
Z	A	H	L	L	J	R	Z
W	C	T	E	T	K	M	O
S	M	D	H	F	G	R	N

So geht's besser

Sie können die Teams darauf hinweisen, dass sie es dem*der Partner*in umso schwerer machen, je weniger geläufig die ausgesuchten Begriffe sind.

Richtig oder Falsch?

Darum geht's

Durch eine Abstimmung in der Klasse kommt Abwechslung in das Üben und Wiederholen von Sachfragen und Rechenaufgaben.

 Papier, dicker Stift für jede*n

So geht's

Lassen Sie die Lernenden auf eine Seite ihres Blattes ein gut sichtbares Häkchen zeichnen und auf die andere Seite ein gut sichtbares X. Stellen Sie der Klasse nun mündlich eine Aufgabe und verraten Sie auch gleich eine (angebliche) Lösung dazu. Die Lösung muss nicht stimmen, denn die Lernenden sollen nun über ihr vorbereitetes Blatt die Lösung beurteilen: Stimmt die Lösung, dann soll die Seite mit dem Häkchen zu Ihnen zeigen, stimmt die Lösung nicht, zeigen die Lernenden Ihnen die Seite mit dem X.

So geht's auch

Sie können bspw. folgende theoretische Fragen und Antworten bzw. Behauptungen stellen:

- ✗ Es ist falsch, dass das Quadrat vier gleich lange Seiten hat.
- ✗ Der Flächeninhalt des Rechtecks ist a + b.
- ✗ Ein rechter Winkel hat immer 99°.

Lassen Sie eine*n Schüler*in die Fragen und Antworten ansagen.
Sie können die Lernenden auch einladen, die richtige Lösung bekannt zu geben bzw. einen Formelfehler aufzuzeigen.

So geht's besser

Das Spiel erhält mehr Dynamik, wenn Sie einfache Aufgaben stellen, die im Kopf zu lösen sind.

Gutes Timing

Darum geht's

Bei diesem Lückenfüller lernen die Schüler*innen ihr eigenes Zeitgefühl kennen und verbessern ihre Fähigkeit, Zeitspannen richtig einzuschätzen.

 Uhr für Sie; Papier und Stift für jede*n

So geht's

Notieren Sie eine Reihe einfacher Aufgaben an der Tafel, von denen Sie sicher sein können, dass die Schüler*innen sie problemlos lösen können. Dann bereiten Sie die Schüler*innen darauf vor, dass sie die Aufgaben auf ihrem Blatt Papier lösen und dabei einschätzen sollen, wie lange eine Minute dauert. Wer glaubt, dass eine Minute um ist, hört auf zu rechnen und hebt die Hand. Merken Sie sich die Uhrzeit oder notieren Sie sie und beenden Sie die Runde. Lassen Sie die anderen Lernenden ihre eigenen Einschätzungen, wie viel Zeit vergangen ist, in der Einheit Sekunde oder Minute notieren. Verraten Sie dann die tatsächlich verstrichene Zeit.

So geht's auch

Natürlich können Sie auch schätzen lassen, wann 30 Sekunden oder 90 Sekunden herum sind.
Sie können auch eine Reihe aus dem kleinen Einmaleins notieren lassen anstelle der einfachen Rechenaufgaben.

So geht's besser

Beenden Sie eine Runde nach einer abgelaufenen Minute auch dann nicht, wenn kein Kind die Hand gehoben hat.
Es kann für die Schüler*innen ebenso ein Aha-Erlebnis sein, wenn sie erfahren, dass bereits 1,5 Minuten verstrichen waren, als der*die Erste die Hand hob.

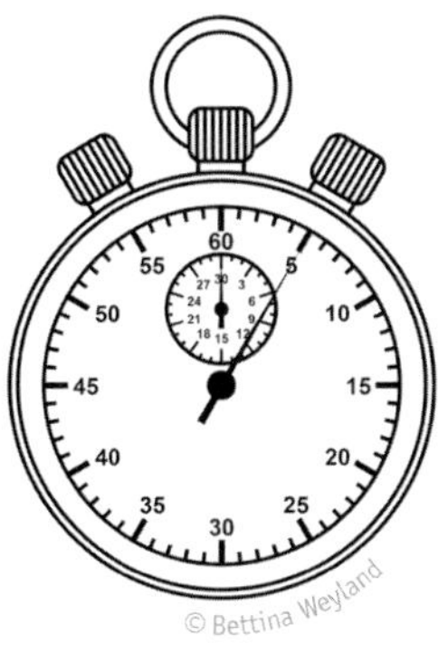

Merkreime

Darum geht's

Reime bleiben länger im Gedächtnis, machen Spaß und können so leichter wiedergegeben werden – das hilft beim Einprägen mathematischer Zusammenhänge. Schreibt man die mathematischen Gedichte selbst, kommt noch der Nutzen der Stoffwiederholung dazu.

 Papier und Stift für jede*n

So geht's

Schreiben Sie einen Reim an die Tafel,
wie bspw. den folgenden:

Beim Quadrat wird uns nicht bang,
alle Seiten sind gleich lang.
Alle Winkel beim Quadrat
haben glatte 90 Grad.
Hast die Fläche auch parat?
Seitenlänge zum Quadrat!

Anschließend können die Lernenden in Kleingruppen oder 2er-Teams selbst Gedichte zu mathematischen Themen verfassen – entweder Sie geben ein Thema vor oder jedes Team sucht sich selbst eines aus.

Zum Schluss können die Gedichte in einer Art Poetry Slam vorgetragen werden und der*die Sieger*in wird von der Klasse gekürt.

Kriterien können sein:

- ✗ Reimt es sich?
- ✗ Stimmt der Inhalt fachlich?
- ✗ Ist die Idee oder die Sprache originell?
- ✗ Stimmt der Rhythmus?

So geht's auch

Recherchieren Sie Lyrikformen wie Elfchen, Schüttelreim oder Haiku und geben Sie den Lernenden entsprechende Bedingungen beim Dichten vor.

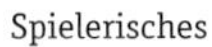

Längen schätzen

Darum geht's

Ein manchmal stiefmütterlich behandeltes Thema im Mathematikunterricht ist das Schätzen. Im Team versuchen die Schüler*innen, die Längenabmessungen so vieler Gegenstände wie möglich zu schätzen.

 verschiedene Gegenstände aus dem Klassenraum; Papier, Stift für jedes 2er-Team; Lineal für Sie

So geht's

Lassen Sie die Lernenden 2er-Teams bilden. Die Teams sollen die Länge von Gegenständen schätzen. Legen Sie zunächst Regeln fest, nach denen die Teams beim Schätzen Punkte sammeln können. Eine Möglichkeit wäre, dass es für jeden Zentimeter Abweichung 1 Minuspunkt gibt. Nun suchen Sie sich einige Gegenstände im Klassenraum aus und halten diese gut sichtbar in die Klasse. Gewonnen hat, wer zum Schluss die wenigsten Minuspunkte gesammelt hat.

Gut geeignete Gegenstände sind:
Buntstift, Tasse (hier können sowohl Durchmesser als auch Höhe geschätzt werden), Radiergummi, Schuh (wie lang ist eigentlich Schuhgröße 38?), Kreide, Heft, Mathematikbuch, Bodenfliese aus dem Klassenraum, Lichtschalter …

Geben Sie den Teams genügend Zeit zur Beratung, aber setzen Sie eine Zeit fest, bis zu der sie sich auf einen Wert festlegen müssen, da es vielen Schüler*innen schwerfällt, sich zu entscheiden. Dann messen Sie nach und verkünden das Ergebnis.

So geht's besser

Überlegen Sie sich vorher bereits, welche Gegenstände geeignet wären, oder bringen Sie diese mit. So vermeiden Sie ein Suchen während des Unterrichts.

Bloß nichts vergessen!

Darum geht's

Den Lernenden werden verschiedene Begriffe gezeigt, die sie sich merken und skizzieren müssen.

 Papier und Stift für jede*n

So geht's

Schreiben Sie an einen Tafelflügel verdeckt die Namen von vier verschiedenen Flächen oder Körpern (z. B. Kreis, Quadrat, Quader und Drachenviereck). Klappen Sie anschließend den Tafelflügel um, sodass die Klasse die Begriffe lesen kann. Lassen Sie die Ausdrücke etwa 5 Sekunden sichtbar und klappen Sie den Tafelflügel dann wieder zurück. Anschließend sollen die Schüler*innen die genannten Flächen und Körper aus dem Gedächtnis skizzieren. Gewonnen hat, wer als Erster alle vier Flächen und Körper skizziert hat.

So geht's auch

Wenn Sie keine klappbare Tafel haben, können Sie die Begriffe auch an die Tafel schreiben und dann bspw. mit einem großen Blatt Papier abdecken, welches Sie an der Tafel befestigen, bspw. mit Magneten.

Wenn Sie für die Befestigung Klebefilm verwenden, prüfen Sie vorher, ob dieser sich rückstandslos wieder entfernen lässt.

So geht's besser

Informieren Sie Ihre Klasse darüber, dass keine Notizen gemacht werden dürfen, solange die Begriffe an der Tafel sichtbar sind.

55

Drillingsgeschenke

Darum geht's

Die Lernenden sollen durch logisches Denken das Rätsel um die Drillinge und ihre Geschenke lösen – wer packt welches Geschenk wann aus?

 Papier und Stift für jede*n

So geht's

Zeichnen Sie die Tabelle ohne Lösungen (d. h. ohne + und –) an die Tafel und lassen Sie die Lernenden diese auf ein Blatt Papier übertragen. Notieren Sie die drei folgenden Angaben an der Tafel:

- ✗ Artur hebt das Geschenk bis nach der Torte auf.
- ✗ Das Buch ist rosa verpackt und für Theresia.
- ✗ Das blau umwickelte Brettspiel wird vor der Torte geöffnet.

Nun sollen die Lernenden diese bereits bekannten Angaben nutzen, um sie in der entsprechenden Tabellenzelle mit einem Pluszeichen zu kennzeichnen. Alles andere erhält einen Strich, da es nicht mehr zutreffen kann.

© eyetronic | stock.adobe.com

Nun kann man ablesen, wann welcher Drilling sein Geschenk öffnet, was darin ist und in welcher Farbe das Geschenk verpackt war:

✗ Hermine packt ihr blau eingewickeltes Brettspiel vor der Torte aus.

✗ Artur packt seinen grün eingepackten MP3-Player nach der Torte aus.

✗ Theresia wickelt ihr rosa eingepacktes Buch während der Torte aus.

MP3-Player	Buch	Brettspiel	
—	—	+	blau
—	+	—	rosa
+	—	—	grün
—	—	+	Hermine
+	—	—	Artur
—	+	—	Theresia
—	—	+	vor der Torte
+	—	—	nach der Torte
—	+	—	während der Torte

Stifteknobeln

Darum geht's

In diesem Spiel soll die Anzahl von Stiften geraten werden, wobei das Verhalten des ganzen Teams zu berücksichtigen ist. Wie viele Stifte können es maximal sein und welche Anzahl ist am wahrscheinlichsten?

 5 Stifte für jede*n

So geht's

Lassen Sie die Lernenden 4er-Teams bilden, von denen jedes um einen Tisch sitzt. Die Teams legen eine Reihenfolge fest, in der ihre Mitglieder raten. Unter dem Tisch soll jede*r Schüler*in fünf Stifte auf dem Schoß verdeckt halten. Von diesen nimmt jede*r so viele in die Hand, wie er*sie möchte – es werden also pro Team zwischen 0 und 20 Stiften in den Händen gehalten.
Hat jede*r seine*ihre Stifte in der Hand, versucht der*die erste Spieler*in, einen Tipp abzugeben, wie viele Stifte in der aktuellen Runde insgesamt eingesetzt sind. Anschließend folgen der Reihe nach die Tipps der anderen Teammitglieder. Natürlich kann es vorkommen, dass mehrere Teammitglieder

die gleiche Schätzung abgeben. Dies sollte aber nicht die Regel sein, da es um einiges interessanter ist, wenn jede*r Spieler*in einen eigenen Tipp vertritt.
Haben alle ihre Schätzung verkündet, werden die Hände mit den Stiften hervorgeholt und die tatsächliche Anzahl abgezählt.
Gewonnen hat, wer die genaueste Schätzung abgegeben hat.

So geht's auch

Interessant ist es, mit der ganzen Klasse gemeinsam eine Runde zu spielen. Hierfür können die Lernenden auf ihren Plätzen bleiben.

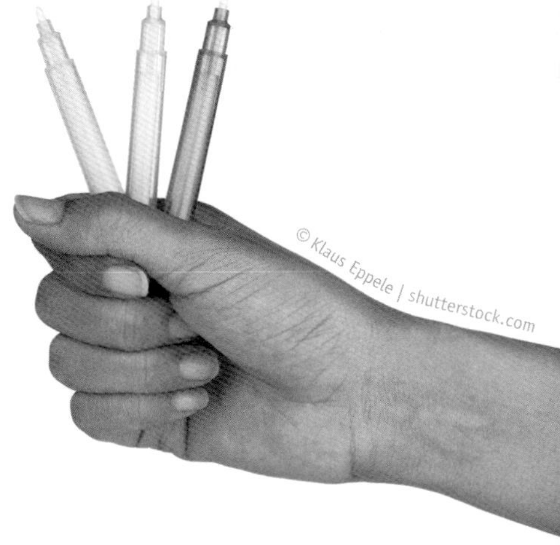

Zahlengedächtnis

Darum geht's

Diese Aufgabe trainiert die Merkfähigkeit.

So geht's

Lassen Sie die Klasse eine*n Startspieler*in auswählen. Diese*r nennt laut und deutlich eine beliebige Zahl. Der*die Sitznachbar*in wiederholt die Startzahl und nennt zusätzlich eine weitere beliebige Zahl. Der*die Nächste muss nun die beiden zuvor genannten Zahlen in korrekter Reihenfolge wiedergeben und ebenfalls eine Zahl anhängen. Dies wird weitergeführt, sodass eine immer längere Zahlenkette entsteht. Wer hängen bleibt, scheidet aus. Gewinner*in ist, wer sich die längste Reihe merken kann.

So geht's besser

Notieren Sie die genannten Zahlen der Lernenden in richtiger Reihenfolge immer mit – natürlich verdeckt. So können Sie gut den Überblick über die tatsächlichen Zahlen behalten.

58

Begriffe nennen

Darum geht's

Wissen in der Mathematik wird wiederholt und Begriffe werden trainiert.

So geht's

Lassen Sie alle Lernenden aufstehen und eine*n Startspieler*in bestimmen. Diese*r soll ein Stoppsignal geben, während Sie in Gedanken das Alphabet durchgehen. Nennen Sie der Klasse den Buchstaben, bei dem Sie gestoppt wurden, und geben Sie den Lernenden 5 Sekunden Zeit, in denen sie sich einen Begriff aus der Mathematik mit diesem Anfangsbuchstaben suchen. Nun sollen die Lernenden reihum schnell ihre jeweiligen Begriffe nennen. Hat ein*e Schüler*in keinen oder einen falschen Begriff genannt, muss er*sie sich setzen und scheidet aus. Gewonnen hat, wer am längsten stehen bleibt.

So viele Fragen!

Darum geht's

In einem spielerischen Wettbewerb stellen die Lernenden sich untereinander möglichst knifflige Fragen und verinnerlichen dadurch das Gelernte und dessen Anwendung.

So geht's

Lassen Sie alle Lernenden aufstehen. Stellen Sie einem*einer Schüler*in eine Frage. Hat er*sie die Frage richtig beantwortet, bleibt er*sie stehen und stellt eine neue Frage in die Runde und wählt eine*n Mitschüler*in aus, der*die die nächste Frage beantworten muss. Hat der*die Spieler*in die Frage falsch beantwortet, muss er*sie sich setzen und scheidet aus. Wer am längsten stehen bleibt, ist Fragenkönig*in.

Mögliche Fragen können sein:

- ✗ Wie berechnet man den Flächeninhalt eines Quadrats?
- ✗ Wie nennt man das Ergebnis einer Subtraktion?
- ✗ Wie nennt man die Glieder einer Division?
- ✗ Nenne einen uneigentlichen Bruch.

So geht's besser

Um zu gewährleisten, dass alle Lernenden mitdenken, sollte vor Spielbeginn festgehalten werden, dass in der Runde nicht nur diejenigen drangenommen werden, die sich melden, sondern alle.

Achten Sie auch darauf, dass zunächst alle Lernenden einmal drangekommen sind, bevor Schüler*innen ein zweites Mal antworten dürfen.

Stadt-Land-Mathe

Darum geht's

Diese Aufgabe dient als kleine Überprüfung des gelernten Stoffes.

 Stift und Papier für jede*n

So geht's

Nennen Sie einen Buchstaben und lassen Sie die Lernenden einen mathematischen Begriff aufschreiben, der mit diesem Buchstaben beginnt. Wiederholen Sie dies mit verschiedenen Buchstaben beliebig oft. Am Ende werden die notierten Begriffe der Schüler*innen abgefragt. Wer einen Begriff als Einzige*r gefunden hat, erhält 10 Punkte; haben zwei Lernende denselben Fachausdruck notiert, erhält jede*r 5 Punkte; bei noch mehr Nennungen erhält jede*r 1 Punkt; hat ein*e Schüler*in einen falschen oder gar keinen Ausdruck aufgeschrieben, gibt es keine Punkte.
Damit steigt die Chance auf eine hohe Punktzahl, wenn die Lernenden sich für weniger im Unterricht gebrauchte Begriffe entscheiden.

Abszisse = 10 Punkte, Dreieck = 1 Punkt